やさしく学ぶ

中学 **2** 年

数学 リピート プリント

永冨武治 著

フォーラム・A

ま　え　が　き

　「小学校の算数では良くできたのに，中学の数学はもう一つ成績が伸びない」ということは，ありませんか？

　正の数・負の数が現れたり，文字式の扱いを学習しはじめたり，抽象的な内容に移るからでしょう．

　でも，心配することはありません．基本となる内容をくり返し練習すれば必ずできるようになります．そのために企画編集したのが，本書「数学リピートプリント」です．

　つまずきやすいところをていねいに解説し，くり返し練習できるようにしました．また，説明のための図を多く入れて容易に理解できるように工夫しました．

　本書は，各項目の「要点まとめ」「基本問題」「リピート練習」の4ページ単位で構成されています．それぞれの章末には「期末対策」として，復習問題を載せています．問題の量は必要最小限にとどめて，短期間に達成・完成できるようにしています．

　本書は，なによりも生徒の身になって作ったテキストです．本書に解答を直接書き込んで，君だけのオリジナルノートにしてください．

　地道な勉強を続けていかなければ，数学の実力はつかないとよくいわれています．つまり「王道はない」と．

　しかし，少なくとも中学数学には「王道がある」と考えます．本書を活用して「王道」への第一歩を踏み出せるようになれば，「王道」への道が切り開けるようになれば，著者としてこれほど，うれしいことはありません．

著者記す

中学2年　目次

第1章　式の計算

01　単項式と多項式 ……………… 4
02　式の加法・減法 ……………… 8
03　式の乗法・除法 ……………… 12
04　式の値 …………………………… 16
05　文字式の利用 ………………… 20
　　第1章　期末対策 …………… 24

第2章　連立方程式

06　連立方程式 …………………… 28
07　連立方程式の解法 ………… 32
08　いろいろな連立方程式 ……… 36
09　連立方程式の利用 ………… 40
　　第2章　期末対策 …………… 44

第3章　1次関数

10　1次関数 ………………………… 48
11　1次関数のグラフ …………… 52
12　$y=ax+b$ のグラフ ………… 56
13　直線の式 ……………………… 60
14　2元1次方程式と1次関数 …… 64
15　1次関数の利用 ……………… 68
　　第3章　期末対策 …………… 72

第4章　図形の性質の調べ方

16　平行線と角 …………………… 76
17　三角形の内角・外角 ………… 80
18　多角形の内角・外角 ………… 84
19　合同な図形 …………………… 88
20　証明の手順 …………………… 92
　　第4章　期末対策 …………… 96

第5章　三角形・四角形

21　二等辺三角形・正三角形 …… 100
22　直角三角形の合同 ………… 104
23　平行四辺形 …………………… 108
24　平行四辺形になる条件 …… 112
25　平行線と面積 ………………… 116
　　第5章　期末対策 …………… 120

第6章　確　率

26　確率（1） ……………………… 124
27　確率（2） ……………………… 128
28　確率（3） ……………………… 132
　　第6章　期末対策 …………… 136

29　データの活用 ………………… 140

第1章　式の計算

単項式と多項式

単項式：$3a$, x^2, xy, 3 のように数や文字をかけ合わせた式のこと.

多項式：$2x+3y$ や $2a+3$ のように単項式の和の形に表された式.

次　数：かけ合わせている文字の個数.

　　　　多項式の場合，各項の最大の次数をいう.

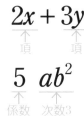

同類項：文字の部分が同じである項.

同類項は，まとめて計算

$$ma + na = (m+n)a$$

$$3a + 2a = (3+2)a = 5a$$

$5a - 3b + 2a + 6b = 5a + 2a - 3b + 6b$ 　　　　　← a の項，b の項を近づける

$$= (5+2)a + (-3+6)b$$ 　　　　　←同類項をまとめる

$$= 7a + 3b$$

① (1) 係数 2, 次数 1 　　　(2) 係数 $-\dfrac{2}{5}$, 次数 5

② 次数 2

③ (1) 　$-2a + 5a + 7b - 3b = (-2+5)a + (7-3)b = 3a + 4b$

　　(2) 　$x^2 + 2x^2 + 2x - 4x + 3 = (1+2)x^2 + (2-4)x + 3 = 3x^2 - 2x + 3$

1 次の単項式の係数と次数を答えましょう.

(1) $2a$　　　　　　　　係数　　　　　　　次数

(2) $-\dfrac{2a^2b^3}{5}$　　　　係数　　　　　　　次数

2 式 $2a^2-3a+1$ の次数を答えましょう.

次数

3 次の式の同類項をまとめ, 簡単にしましょう.

(1) $-2a+7b-3b+5a$

$= \boxed{-2a+\qquad +7b-3b}$　　　←$+5a$ を左へうつす

$= \boxed{(-2+\quad)a+(\qquad)b}$　　　←同類項をまとめる

$= \boxed{}$

(2) $x^2+2x+3-4x+2x^2$

$= \boxed{x^2+2x^2+2x\qquad +3}$　　　←$2x^2, -4x$ を左へうつす

$= \boxed{(1+2)x^2+(2\qquad)x+3}$　　　←同類項をまとめる

$= \boxed{}$

a と $-a^2$ の係数

係数が $1, -1$ の単項式は
1を省略してかきます.

a ……係数 1, 次数 1
$-a^2$ ……係数 -1, 次数 2

1 多項式 $x^2y - 2xy + 6xy^2$ の項と係数を答えましょう. また, 多項式の次数を答えましょう.

2 次の式の同類項をまとめ, 簡単にしましょう.

(1) $2a + 4b + 4a - 2b$

(2) $4x + 2y - 6x + 5y$

(3) $-4a + 3b - 5b + a$

3　次の式の同類項をまとめ，簡単にしましょう．

(1)　$4b - 3a + 6a - 2b$

(2)　$6x - 7 + 3x + 4$

(3)　$-4x + 3y - 5y + x$

(4)　$\dfrac{x}{3} + \dfrac{y}{4} + \dfrac{x}{6} + \dfrac{y}{12}$

(5)　$a^2 - 3a + 2 - 2a - 3$

式の加法・減法

加　法：（　）をはずし，同類項をまとめる．

$$(2x-4y)+(-3x+5y)$$

$$=2x-4y-3x+5y \qquad \leftarrow （　）をはずす$$

$$=2x-3x-4y+5y \qquad \leftarrow 同類項を近づける$$

$$=(2-3)x+(-4+5)y \qquad \leftarrow 同類項をまとめる$$

$$=-x+y$$

減　法：引く方の（　）をはずすときに注意する．

$$(6x+5y)-(3x-2y) \qquad \leftarrow \begin{array}{l}(-)\times(-)=(+)\\(+)\times(+)=(+)\\(+)\times(-)=(-)\\(-)\times(+)=(-)\end{array}$$

$$=6x+5y-3x+2y$$

$$=6x-3x+5y+2y$$

$$=(6-3)x+(5+2)y$$

$$=3x+7y$$

基本問題
答え

(1)　$4a-3+2a-5=4a+2a-3-5$

$\qquad =(4+2)a+(-3-5)=6a-8$

(2)　$8a-3b-4a+2b=8a-4a-3b+2b$

$\qquad =(8-4)a+(-3+2)b=4a-b$

次の計算をしましょう.

(1) $(4a - 3) + (2a - 5)$

$=$ | $4a \qquad + 2a$ ←( )をはずす

$=$ | $4a + 2a$ ←同類項を近つける

$=$ | $(4 + \quad)a + (\qquad\quad)$ ←同類項をまとめる

$=$ |

(2) $(8a - 3b) - (4a - 2b)$

$=$ | $8a - 3b$ ←( )をはずす

$=$ | $8a \qquad - 3b$ ←同類項を近つける

$=$ | $(8 - \quad)a + (\qquad\quad)b$ ←同類項をまとめる

$=$ |

こんな計算もあるよ

同類項を縦に並べて，計算
します.

$$\begin{array}{r} 4a - 3 \\ +\underline{)\ 2a - 5} \\ 6a - 8 \end{array} \qquad \begin{array}{r} 8a - 3b \\ -\underline{)\ 4a - 2b} \\ 4a - \ b \end{array}$$

パワーアップ

1 　次の計算をしましょう.

(1)　$(3a - 2b) + (-5a)$

(2)　$(7x - 5) + (-x + 12)$

(3)　$(5x - 4y) + (3x + 7y)$

(4)　$(-3a + 4b + 5) + (2a - 3b)$

(5)　$(2x^2 - 3x - 7) + (5 - 2x + 3x^2)$

2 次の計算をしましょう．

(1) $(6a - 4b) - (-b)$

(2) $(5x + 3) - (2x - 8)$

(3) $(x + 3y) - (2x - 5y)$

(4) $\left(\dfrac{a}{3} + \dfrac{b}{2}\right) - \left(\dfrac{a}{4} - \dfrac{2}{3}b\right)$

(5) $(2a^2 - 5a + 3) - (-3a^2 + 1 - 3a)$

第1章　式の計算

式の乗法・除法

（単項式）×（単項式）：係数の積と文字の積.

$$4a \times (-3b) = -12ab$$

係数の積　　文字の積

（単項式）÷（単項式）：逆数を使って，かけ算に.

$$12ab \div 3a = 12ab \times \frac{1}{3a} = \frac{\overset{4}{\cancel{12}}\overset{1}{a}b}{\underset{1}{\cancel{3}}\underset{1}{\cancel{a}}} = 4b$$

逆数　　　　　約分

（数）×（多項式）：分配法則　$a(b+c) = ab + ac$

$$2(a + 2b) = 2 \times a + 2 \times 2b$$

$$= 2a + 4b$$

$$(12a - 9b) \div 3 = (12a - 9b) \times \frac{1}{3}$$

$$= 12a \times \frac{1}{3} - 9b \times \frac{1}{3}$$

$$= 4a - 3b$$

(1)　$24xy$

(2)　$15x^2 \times \dfrac{1}{3x} = \dfrac{\overset{5}{\cancel{15}}x^{\cancel{2}} \times 1}{1 \times \underset{1}{\cancel{3}}\underset{1}{\cancel{x}}} = 5x$

(3)　$2 \times 4a + 2 \times 5b = 8a + 10b$

(4)　$(15a - 35b) \times \dfrac{1}{5} = 15a \times \dfrac{1}{5} - 35b \times \dfrac{1}{5} = 3a - 7b$

次の計算をしましょう.

(1) $4x \times 6y =$ [　　　] ←係数の積と文字の積

(2) $15x^2 \div 3x = \boxed{15x^2 \times }$ ←逆数の積

$= \boxed{}$ ←約分する

$= \boxed{}$

(3) $2(4a + 5b) = \boxed{2 \times + 2 \times}$ ←分配法則

$= \boxed{}$

(4) $(15a - 35b) \div 5 = \boxed{(15a - 35b) \times}$ ←逆数の積

$= \boxed{15a \times - 35b \times}$ ←分配法則
←約分する

$= \boxed{}$

分配法則

右のような土地の面積を2通りで表す

と　$4 \times (2a + b) = 4 \times 2a + 4 \times b$

となります.

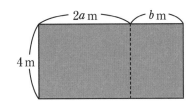

パワーアップ

1 次の計算をしましょう.

(1) $2x \times (-4y)$

(2) $\dfrac{3}{2}a \times (-6b)$

(3) $(-12a) \times (-7b)$

(4) $\left(-\dfrac{3}{4}x\right) \times 16x^2$

(5) $27a^2 \div 9a$

(6) $(-24a^3) \div (-3a)$

(7) $18xy \div (-6y)$

(8) $\left(-\dfrac{3}{2}a^2b\right) \div \dfrac{3}{4}ab$

2 次の計算をしましょう.

(1) $-2(6x-3y+2)$

(2) $\dfrac{1}{4}(8a-12b+4)$

(3) $(-4x^2+9x) \div 6$

(4) $(9x-21y) \div (-3)$

(5) $4(5x-2y)+3(-2x+y)$

第1章　式の計算

式の値

文字が2つ以上ある式について式の値を求めます.

$x=3$, $y=-2$ のとき, $2x+5y$ の値を求めると

$$2x+5y=2\times3+5\times(-2)$$

←マイナスは（　）でつつみます

$$=6-10$$

$$=-4$$

与式が $7(x-y)+2(-2x+y)$ などのときは，まず与式を整理して，そのあと代入して，値を求めます.

与式を整理，そのあと代入

$x=-2$, $y=4$ のとき, $7(x-y)+2(-2x+y)$ の値を求めると

$$7(x-y)+2(-2x+y)=7x-7y-4x+2y$$

$$=3x-5y$$

←式を整理

これに $x=-2$, $y=4$ を代入して

$$3x-5y=3\times(-2)-5\times4=-6-20=-26$$

(1)　$2\times5-3\times(-4)=10+12=22$

(2)　$6a-15b-2a+6b=6a-2a-15b+6b=4a-9b$

　　　$a=3$, $b=-2$ を代入して

　　　$4\times3-9\times(-2)=12+18=30$

次の式の値を求めましょう.

(1) $a = 5$, $b = -4$ のとき, $2a - 3b$ の値.

解答 $2a - 3b = $ 2 × _____ − 3 × (_____)

= _____

= _____

(2) $a = 3$, $b = -2$ のとき, $3(2a - 5b) - 2(a - 3b)$ の値.

解答 与式を整理すると

$3(2a - 5b) - 2(a - 3b)$

= 6a _____ − 2a

= 6a − 2a

= 4a

$a = 3$, $b = -2$ を代入して

4 × 3 − _____ × (−2) = _____

= _____

マイナスの数を代入⇒( )でつつめ

$x = -2$ のとき $-2x + 1 = -2 \times (-2) + 1 = 5$

( )でつつむと計算まちがいをふせげます.

17

REPEAT

1 $a=-4$, $b=-6$ のとき，次の式の値を求めましょう．

(1) $3a+5b$

(2) $3ab$

(3) $4a \times (-2b)$

(4) $24a \div 4b$

(5) $2a^2b + 4ab$

2 $a=-2$, $b=-3$ のとき, $5(4a-b)-3(2a-3b)$ の値を求めましょう.

3 $x=-2$, $y=4$ のとき, $\dfrac{3}{4}(8x+12y)-8\left(\dfrac{1}{4}x+y\right)$ の値を求めましょう.

4 $x=-6$, $y=\dfrac{2}{3}$ のとき, $2(5x-6y)-3(2x+5y)$ の値を求めましょう.

第1章　式の計算
文字式の利用

文字を使って，数の性質や関係などを表します.

n を整数とすると,

$$偶数は\ 2n,\quad 奇数は\ 2n+1$$

百の位，十の位，一の位の数字が $a,\ b,\ c$ の3けたの整数は

$$100a+10b+c$$

と表すことができます.

等式の変形：いくつかの文字を含む等式を，変形して

目的の文字を，他の文字で表すこと.

目的の文字を左辺へ，他の文字を右辺へ移項します.

$a+b=6$ を a について解くと

$$a+b=6$$
$$a=-b+6$$

目的の文字　　他の文字

等式の性質

$A=B$ があるとき

$$A+m=B+m$$
$$A-m=B-m$$
$$A\times m=B\times m$$
$$\frac{A}{m}=\frac{B}{m}\quad(m\neq0)$$

基本問題
答え

1　$3n+3=3(n+1)$

2　(1)　$6y=9x,\quad y=\dfrac{3}{2}x$

　　(2)　$5x=15y+30,\quad x=3y+6$

1　右のように，連続する 3 つの整数の和は，3 の倍数になることを文字を使って説明しましょう.

$$1+2+3=6=3\times2$$
$$2+3+4=9=3\times3$$
$$3+4+5=12=3\times4$$

ヒント　3の倍数であることを説明するためには，3×(整数) の形を示す.

解答　連続する 3 つの整数を n，$n+1$，$n+2$ とすると

$$n+(n+1)+(n+2)=\boxed{}$$
$$=3(\boxed{})$$

$n+1$ は整数だから，連続する 3 つの整数の和は 3 の倍数になります.

2　次の等式を［　］内の文字について解きましょう.

(1)　$9x=6y$　　［y］

解答　左辺と右辺を入れかえて　$6y=\boxed{}$

両辺を 6 でわって　　　　$y=\boxed{}$

(2)　$5x-15y=30$　　　［x］

解答　$-15y$ を右辺に移項して　$5x=\boxed{}+30$

両辺を 5 でわって　　　　$x=\boxed{}$

連続する 3 つの整数

連続する 3 つの整数を
$\quad n$，$n+1$，$n+2$
と表しましたが，次のように
表すこともできます.
$\quad n-1$，n，$n+1$

$$n-1+n+n+1=3n$$
（3 の倍数）

パワーアップ

1 3けたの整数から，百の位の数字と一の位の数字を入れかえてつくった整数を引くと，99の倍数になることを説明しましょう．

> **ヒント** 百の位の数字を a，十の位の数字を b，一の位の数字を c とすると，はじめの数は $100a+10b+c$，百の位と一の位を入れかえた数は，$100c+10b+a$

2 連続する3つの偶数の和は6の倍数であることを文字を使って説明しましょう．

> **ヒント** 連続する3つの偶数を $2n$，$2n+2$，$2n+4$ とおきます．

3 次の等式を [　] 内の文字について解きましょう.

(1) $4a = 12b$ 　　[a]

(2) $4a = 12b$ 　　[b]

(3) $2x - 6y = 12$ 　　[x]

(4) $2x - 6y = 12$ 　　[y]

(5) $S = \dfrac{1}{2}(a+b)h$ 　　[a]

第1章　期末対策

1　次の計算をしましょう.

(1)　$(4x - 5y) + (2x + 5y)$

(2)　$(4x^2 - 2x + 5) + (-2x^2 + 7x - 3)$

(3)　$(8m^2 - 1 - 7m) - (2 - 4m + 6m^2)$

(4)　$6(x - 2y) + 3(2x + 4y)$

(5)　$\dfrac{5}{3}x \times (-9xy)$

(6)　$\dfrac{5}{24}ab \times \dfrac{6}{25}a^2b \div \dfrac{3}{5}a^2b^2$

2 $x=2$, $y=-3$ のとき，次の式の値を求めましょう．

(1) $4x-5y$

(2) $2(x-2y)-3(2x-y)$

3 $x=-3$, $y=\dfrac{1}{2}$ のとき，次の式の値を求めましょう．

(1) $3(x+3y)-\dfrac{1}{3}(4x-9y)$

(2) $12x^3y\times(-6y)\div 8xy$

4 　次の等式を〔　〕内の文字について解きましょう．

(1)　$3x - 8y = 12$　　〔x〕

(2)　$3x - 8y = 12$　　〔y〕

(3)　$\ell = 2(a + \pi r)$　　〔a〕

(4)　$m = \dfrac{a + b + c}{3}$　　〔a〕

⑤　1辺の長さが3cmの正方形を底面とし，高さが$h$cmの正四角柱があります．

(1)　この正四角柱の体積V（cm³），表面積S（cm²）をそれぞれhを用いて表しましょう．

(2)　(1)で求めた等式を，それぞれhについて解きましょう．

⑥　各位の数字の和が9の倍数である自然数Nは9の倍数になります．Nを3けたの数として説明しましょう．

ヒント　百の位，十の位，一の位の数字をa，b，cとし，その和を$9n$（nは自然数）とするとき，cをa，b，nで表します．

第2章　連立方程式

連立方程式

1次方程式：(1次式)＝0 の形の方程式.

$$4x-5=0, \qquad x+y-5=0$$

1元1次方程式　　2元1次方程式

方程式を成り立たせる値を **解** といいます.

$4x-5=0$　　の解は　　　$x=\dfrac{5}{4}$　　　　　　　　（1つだけ）

$x+y-5=0$　　の解は　　　$x=1,\ y=4;\ x=2,\ y=3$ など（無数にある）

連立方程式：$\begin{cases} 3x+y=7 \\ x+y=3 \end{cases}$　　2つ以上の方程式の組.

これらを成り立たせる値 $\begin{cases} x=2 \\ y=1 \end{cases}$　を **解** といいます.

その解を求めることを連立方程式を解くといいます.

2元1次方程式　$x+y-5=0$　の解

x	1	2	3	4	5	6
y	4	3	2	1	0	-1

基本問題
答え

①
x	-3	-1	1	$\dfrac{5}{3}$	$\dfrac{7}{3}$	3
y	15	9	3	1	-1	-3

② ㋑

1　表の x, y の値の組が2元1次方程式 $3x+y=6$ の解となるように, 空らんをうめましょう.

x	-3	-1	1			
y				1	-1	-3

2　$\begin{cases} x=3 \\ y=4 \end{cases}$ が解となる連立方程式は, ㋐〜㋒のどれですか. 記号で答えましょう.

ヒント　2式の x, y に $x=3$, $y=4$ を代入して等式が成り立つものをさがします.

㋐　$\begin{cases} x+y=7 \\ x+2y=8 \end{cases}$

㋑　$\begin{cases} 3x-y=4 \\ 2x-5y=7 \end{cases}$

㋒　$\begin{cases} 4x-y=8 \\ -x+3y=9 \end{cases}$

等式の意味

等式には, $(a+b)^2=a^2+2ab+b^2$ のように, 文字にどんな数を代入しても成り立つものと, $3x+y=7$ のようにある数を代入したときのみ成り立つものがあります(方程式). 等号(＝)がどちらの意味で使われているか意識しましょう.

パワーアップ

1 次の値の組が，それぞれ解となる連立方程式を選びましょう．

㋐ $\begin{cases} x+y=7 \\ 2x+y=4 \end{cases}$ ㋑ $\begin{cases} x+y=7 \\ 2x-3y=4 \end{cases}$ ㋒ $\begin{cases} 2x+y=4 \\ 2x-3y=4 \end{cases}$

(1) $\begin{cases} x=5 \\ y=2 \end{cases}$

(2) $\begin{cases} x=2 \\ y=0 \end{cases}$

(3) $\begin{cases} x=-3 \\ y=10 \end{cases}$

2　次の値の組が，それぞれ解となる連立方程式を選びましょう．

⑦ $\begin{cases} x+y=2 \\ 2x-y=7 \end{cases}$　　　⑦ $\begin{cases} x+y=2 \\ x+2y=6 \end{cases}$　　　⑦ $\begin{cases} 2x-y=7 \\ x+2y=6 \end{cases}$

(1) $\begin{cases} x=4 \\ y=1 \end{cases}$

(2) $\begin{cases} x=3 \\ y=-1 \end{cases}$

(3) $\begin{cases} x=-2 \\ y=4 \end{cases}$

第2章　連立方程式

連立方程式の解法

連立方程式を解く → 1文字消去

代入法：代入によって，1文字消去する.

$$\begin{cases} y = 2x - 3 & \cdots\cdots ① \\ x + 2y = 4 & \cdots\cdots ② \end{cases}$$

①を②に代入すると　$x + 2(2x - 3) = 4$

$x + 4x - 6 = 4,$　　$5x = 10$　　よって　$x = 2$

← ② の y のかわりに
$2x-3$ を代入

$x = 2$ を①に代入して　$y = 1$　　よって　$\begin{cases} x = 2 \\ y = 1 \end{cases}$

加減法：両辺どうしを加減して，1文字消去する.

$$\begin{cases} 2x + 5y = 13 & \cdots\cdots ① \\ 2x + 3y = 11 & \cdots\cdots ② \end{cases}$$

①－②より　$2y = 2$　　よって　$y = 1$

← ① － ② をすることで
x の項が消える

これを①に代入して　$2x + 5 = 13$　　よって　$2x = 8$

ゆえに　$x = 4$　　よって　$\begin{cases} x = 4 \\ y = 1 \end{cases}$

　方程式を解くためには，等式の性質をくり返し用いて，イコールの関係をくずさないように変形していきます.

(1)　$x - (2x - 8) = 3,$　　$x - 2x + 8 = 3$
　　　$-x = -5$　　よって　$x = 5$
　　　x の値を①に代入して　$y = 2$　　$\begin{cases} x = 5 \\ y = 2 \end{cases}$

(2)　$4x = 16$　　よって　$x = 4$
　　　x の値を①に代入して　$7 \times 4 - 2y = 30$
　　　これより y の値は　$y = -1$　　$\begin{cases} x = 4 \\ y = -1 \end{cases}$

次の連立方程式を指定された方法で解きましょう.

(1) $\begin{cases} y = 2x - 8 & \cdots\cdots ① \\ x - y = 3 & \cdots\cdots ② \end{cases}$ （代入法）

解答　① を ② に代入すると　$x - (2x \qquad) = 3$ ←yを消去

（ ） をはずして　$x - 2x \qquad = 3$

$-x = \boxed{}$　よって　$x = \boxed{}$

x の値を ① に代入して　$y = \boxed{}$　$\begin{cases} x = \\ y = \end{cases}$

(2) $\begin{cases} 7x - 2y = 30 & \cdots\cdots ① \\ 3x - 2y = 14 & \cdots\cdots ② \end{cases}$ （加減法）

解答　①－② より　$4x = \boxed{}$　よって　$x = \boxed{}$ ←yを消去

x の値を ① に代入して　$7 \times \boxed{} - 2y = 30$

これより y の値は　$y = \boxed{}$　$\begin{cases} x = \\ y = \end{cases}$

1文字消去のポイント

文字消去をするとき，代入法と
加減法があります．式の形を見
て決めます．

1つの式が

$y = 3x + \bigcirc$
$x = 2y - \square$

（代入法向き）

2つの式が

$2x + 3y = \bigcirc$
$4x + 3y = \square$

（加減法向き）

1 次の連立方程式を代入法で解きましょう.

(1) $\begin{cases} y = 11 - 2x & \cdots\cdots ① \\ 7x - 9y = 1 & \cdots\cdots ② \end{cases}$

(2) $\begin{cases} 3x + 2y = 5 & \cdots\cdots ① \\ 2x - y = 8 & \cdots\cdots ② \end{cases}$

ヒント　② を y について解く.

(3) $\begin{cases} 3x + y = 1 & \cdots\cdots ① \\ 5x + 3y = 15 & \cdots\cdots ② \end{cases}$

ヒント　① を y について解く.

2　次の連立方程式を加減法で解きましょう.

(1) $\begin{cases} 2x + 3y = 4 & \cdots\cdots ① \\ 6x + 3y = 24 & \cdots\cdots ② \end{cases}$

(2) $\begin{cases} 3x + y = 9 & \cdots\cdots ① \\ -3x + 4y = 6 & \cdots\cdots ② \end{cases}$

(3) $\begin{cases} 3x + y = -7 & \cdots\cdots ① \\ x + 2y = 1 & \cdots\cdots ② \end{cases}$

ヒント　①×2　6x+2y=−14

第2章　連立方程式

いろいろな連立方程式

係数に小数・分数を含む → 係数を整数に

$$\begin{cases} 0.5x - 1.2y = 7 & \cdots\cdots ① \\ \dfrac{1}{10}x + \dfrac{2}{25}y = -\dfrac{1}{5} & \cdots\cdots ② \end{cases}$$

①を10倍して　$5x - 12y = 70$　$\cdots\cdots ③$　　　　←係数が整数に

②を50倍して　$5x + 4y = -10$　$\cdots\cdots ④$　　　　←係数が整数に

③−④ より　$-16y = 80$

よって　$y = -5$

$y = -5$ を④に代入して　$5x - 20 = -10$

$5x = 10$　　　よって　$x = 2$

したがって　$\begin{cases} x = 2 \\ y = -5 \end{cases}$

連立方程式の1つが　$2(2x-y) = 3(3y+1)$　などのときも，展開して整理してからはじめます．

(1)　$2x + y = 12$　$\cdots\cdots ③$　　　$3x + 2y = 17$　$\cdots\cdots ④$
　　　③×2−④ より　$x = 7$　　　x の値を③に代入して
　　　$2 \times 7 + y = 12$　　　よって　$y = -2$　　　$\begin{cases} x = 7 \\ y = -2 \end{cases}$

(2)　$4x - y = 12$　$\cdots\cdots ③$　　　②+③ より　$5x = 20$　　　よって　$x = 4$
　　　x の値を②に代入して　$y = 4$　　　$\begin{cases} x = 4 \\ y = 4 \end{cases}$

次の連立方程式を解きましょう.

(1) $\begin{cases} 0.2x + 0.1y = 1.2 & \cdots\cdots ① \\ 0.3x + 0.2y = 1.7 & \cdots\cdots ② \end{cases}$

解答　① を 10 倍すると　$2x + y = \boxed{}$　$\cdots\cdots ③$

② を 10 倍すると　$3x + 2y = \boxed{}$　$\cdots\cdots ④$

③ × 2 − ④ より　$x = \boxed{}$

x の値を ③ に代入して　$2 \times \boxed{} + y = \boxed{}$

よって　$y = \boxed{}$　　$\begin{cases} x = \\ y = \end{cases}$

(2) $\begin{cases} \dfrac{2}{3}x - \dfrac{1}{6}y = 2 & \cdots\cdots ① \\ x + y = 8 & \cdots\cdots ② \end{cases}$

解答　① を 6 倍すると　$4x - y = \boxed{}$　$\cdots\cdots ③$

② + ③ より　$5x = \boxed{}$　　よって　$x = \boxed{}$

x の値を ② に代入して　$y = \boxed{}$　　$\begin{cases} x = \\ y = \end{cases}$

💡 **小数・分数の係数**

係数が小数や分数のときは，何倍かして
整数係数にします．

上の(1)なら 10 倍，(2)なら 6 倍します．

係数→整数
いままでどおり
の解き方

パワーアップ

1 次の連立方程式を解きましょう.

(1) $\begin{cases} 0.1\,y = 0.3\,x - 0.1 & \cdots\cdots ① \\ 0.1\,x - 0.2\,y = 1.2 & \cdots\cdots ② \end{cases}$

(2) $\begin{cases} 5\,x - 3\,y = -7 & \cdots\cdots ① \\ \dfrac{x-1}{3} - \dfrac{y+1}{2} = 2 & \cdots\cdots ② \end{cases}$

(3) $\begin{cases} 2\,x = 3\,y & \cdots\cdots ① \\ \dfrac{1}{3}\,x + \dfrac{1}{2}\,y = 2 & \cdots\cdots ② \end{cases}$

2 次の連立方程式を解きましょう．

(1)
$$\begin{cases} 0.7x + 0.2(x+y) = 0.8 & \cdots\cdots ① \\ 0.3x + 0.4(x-2y) = 5.4 & \cdots\cdots ② \end{cases}$$

(2)
$$\begin{cases} \dfrac{3x-1}{2} + \dfrac{x-2y}{3} = -1 & \cdots\cdots ① \\ 0.3x - 0.4(y-2) = 1.3 & \cdots\cdots ② \end{cases}$$

第2章　連立方程式

連立方程式の利用

文章題を解く手順

① 求める数量またはそれに関係のある数量 2 つを x，y とおく．

② x と y の連立方程式をつくり，それを解く．

③ 解が問題に適しているか確認し，単位も含め答えをかく．

63 円切手と 84 円切手を合わせて 15 枚買ったところ代金は 1050 円でした．
63 円切手，84 円切手をそれぞれ何枚買ったかを求めるとき

① 63 円切手を x 枚，84 円切手を y 枚買ったとすると

② 切手は 15 枚買ったので　$x + y = 15$

　代金は 1050 円なので　　$63x + 84y = 1050$

③ 連立方程式を解くと $x = 10$，$y = 5$ となります．

　問題文を確認し，答えは，63 円切手 10 枚，84 円切手 5 枚買った．

$x + y = 2400$　　……①　　$\dfrac{x}{50} + \dfrac{y}{60} = 45$　……②

$6x + 5y = 13500$　……③

③ − ① × 5 より　$x = 1500$　　① より　$y = 900$

AP 間 1500m，PB 間 900m

A 地点から 2400 m はなれた B 地点まで行くのに途中の P 地点までは毎分 50 m で，P 地点からは毎分 60 m で歩いたところ，A 地点を出発してから 45 分で B 地点に着きました．A 地点から P 地点までの距離と，P 地点から B 地点までの距離を求めましょう．

解答 AP 間，PB 間の距離をそれぞれ x m, y m とすると，AB 間の距離は 2400 m なので

$$x+y= \qquad\qquad\qquad \cdots\cdots ①$$

AB 間を 45 分で歩いたので

$$\frac{x}{50}+\frac{y}{60}= \qquad\qquad \cdots\cdots ②$$

②を 300 倍して $\quad 6x+5y= \qquad\qquad \cdots\cdots ③$

③－①×5 より $\quad x=$

①より $\quad y=$

この x, y の値は適する．

AP 間 $\boxed{}$ m ，PB 間 $\boxed{}$ m

x, y のおき方

上の問題では AP 間，PB 間の距離を x m, y m としましたが，AP 間を歩いた時間，PB 間を歩いた時間を x 分，y 分とおくこともできます．

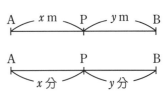

1　えんぴつ 3 本とノート 5 冊の代金は 930 円で，えんぴつ 1 ダースとノート 3 冊の代金は 1170 円でした．えんぴつ 1 本，ノート 1 冊の値段をそれぞれ求めましょう．

ヒント　1 ダースは 12 本.

2　A 村から B 村まで峠を越えて往復することにしました．峠の上りを毎時 3 km，下りを毎時 6 km で歩いたら，行きは 3 時間半，帰りは 4 時間かかりました．A 村から B 村への道のりを求めましょう．

3　兄と弟の所持金の比は 5：3 でしたが，2 人とも 1500 円を使った
ので，兄と弟の残金の比は 15：7 となりました．兄と弟のはじめの
所持金をそれぞれ求めましょう．

ヒント　兄，弟のはじめの所持金を x 円，y 円とすると　$x:y=5:3$
1500 円使ったあとは　$(x-1500):(y-1500)=15:7$

4　2 けたの整数があります．この整数の十の位の数字の 2 倍は一の位
の数字より 3 大きく，十の位の数字と一の位の数字を入れかえた整数
は，もとの整数の 2 倍より 36 小さいといいます．もとの整数を求め
ましょう．

ヒント　もとの整数を $10x+y$ とおく．

第2章　期末対策

1　次の $x,\ y$ の値の組が2元1次方程式 $3x-2y=14$ の解であるものを選びましょう.

⑦ $\begin{cases} x=6 \\ y=2 \end{cases}$　　　　　⑦ $\begin{cases} x=-2 \\ y=-8 \end{cases}$　　　　　⑦ $\begin{cases} x=2 \\ y=-4 \end{cases}$

2　次の連立方程式を解きましょう.

(1)　$\begin{cases} y=3x+1 & \cdots\cdots ① \\ 4x+y=-6 & \cdots\cdots ② \end{cases}$

(2)　$\begin{cases} 2x+5y=22 & \cdots\cdots ① \\ 2x+3y=14 & \cdots\cdots ② \end{cases}$

(3)　$\begin{cases} 6x-5y=-3 & \cdots\cdots ① \\ 2x+3y=13 & \cdots\cdots ② \end{cases}$

3 次の連立方程式を解きましょう.

(1) $\begin{cases} x + 5y = 19 & \cdots\cdots ① \\ 3x + y = 1 & \cdots\cdots ② \end{cases}$

(2) $\begin{cases} 3x - 2y = 22 & \cdots\cdots ① \\ 7x + 4y = 8 & \cdots\cdots ② \end{cases}$

(3) $\begin{cases} 7x - 2y = 30 & \cdots\cdots ① \\ 3x - 2y = 14 & \cdots\cdots ② \end{cases}$

4 次の連立方程式を解きましょう.

(1) $\begin{cases} 0.3\,x - 0.2\,y = 0.6 & \cdots\cdots ① \\ 0.4\,x + 0.3\,y = 2.5 & \cdots\cdots ② \end{cases}$

(2) $\begin{cases} 3\,x - y = 10 & \cdots\cdots ① \\ \dfrac{x}{4} + \dfrac{y}{3} = \dfrac{5}{12} & \cdots\cdots ② \end{cases}$

(3) $\begin{cases} x : y = 5 : 2 & \cdots\cdots ① \\ 3\,x - 5\,y = 15 & \cdots\cdots ② \end{cases}$

5　濃度5%の食塩水が200gあります．これに7%と12%の食塩水をそれぞれ何gか加えて，9%の食塩水を1000gつくろうと思います．7%と12%の食塩水をそれぞれ何g加えるとよいか答えましょう．

6　A地点からB地点まで20kmあります．A地点を出発して途中のC地点までは毎分400mで自転車に乗って進み，C地点から先は自転車を降りて毎分200mで走ったところ，出発してから1時間でB地点に着きました．AC間，CB間の道のりを求めましょう．

第3章　1次関数

1次関数

関　　数：2つの量 x，y の関係式で x の値を決めると，y の値がただ1つ
決まるとき，y は x の関数であるという.

1次関数：y が x の1次式

$$y = ax + b \quad (a, \ b \ は定数)$$

で表される関数.

　はじめ，水面の高さ3cmまで
水の入った水槽があります. 水
面の高さが毎分2cmずつ高くなる
ように水を入れます.

　水を入れはじめてから x 分後の
水面の高さを y（cm）とすると

　　　$y = 2x + 3$

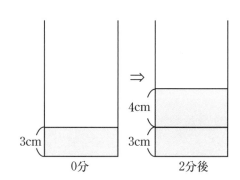

と表せます. これは1次関数です.

　はじめに水槽が空の場合は $y = 2x$ となります.

　これは比例の関係で，1次関数の特別な場合といえます.

基本問題
答え

1　(1)　いえる　　($y = 4x$)

　　(2)　いえない　（まわりの長さを決めても，面積は決まらない）

　　(3)　いえる　　($x + y = 15$)

2　(1)　$y = 40x$

　　(2)　いえる

1 次の場合，y は x の関数といえるか答えましょう．

(1) 1 辺の長さ x cm の正方形のまわりの長さ y cm

(2) 長方形のまわりの長さ x cm とその面積 y cm^2

(3) 和がつねに 15 であるような 2 つの数 x と y

2 時速 40 km で走る自動車があります．1 時間走れば 40 km 進み，2 時間走れば 80 km 進みます．x 時間走ったとき，自動車が進んだ距離を y km とします．

(1) y を x の式で表しましょう．

(2) y は x の 1 次関数といえますか．

y は x の関数でも，x は y の関数とは限らない

電報料金のように，たとえば 25 文字までは 660 円，それを超えて 5 文字ごとに 90 円ずつ追加されるとします．文字数を x，料金を y とすれば x が決まれば y は 1 つ決まりますが，y が 1 つに決まっても，x の文字数は 1 つに決まらないときがあります．

1　次の場合，y は x の関数であるといえますか.

(1)　$x+y=20$ をみたす 2 つの数 x と y

(2)　体重が $x\,\mathrm{kg}$，人の身長 $y\,\mathrm{cm}$

(3)　面積が $30\,\mathrm{cm}^2$ であるような長方形の縦の長さ $x\,\mathrm{cm}$ と横の長さ $y\,\mathrm{cm}$

2　次の $x,\ y$ の関係式が成り立つとき，y は x の 1 次関数といえるか答えましょう.

(1)　$y=-3x$

(2)　$y=4-2x$

(3)　$xy=20$

(4)　$y=\dfrac{2x+5}{3}$

(5)　$-x^2+x+y=0$

(6)　$-4x+3y+2=0$

3 次のことがらを x と y の式で表しましょう．また，y は x の1次関数といえるか答えましょう．

(1) 1 km はなれたところに向かって，毎分 60 m で歩きます．出発してからの時間を x 分，そのとき残りの距離を y m とします．

(2) 面積がつねに 20 cm² の三角形があります．この三角形の底辺の長さを x cm，高さを y cm とします．

(3) 長さ 10 cm の線香があります．この線香に火をつけると，1分間で 0.4 cm ずつ燃えます．火をつけてから x 分後の線香の長さを y cm とします．

(4) 2 km 走るのに 0.1 L のガソリンを使う自動車があります．この自動車が 30 L のガソリンを入れて出発しました．x km 走ったときの残りのガソリンの量を y L とします．

第3章　1次関数

1次関数のグラフ

1次関数の変化の割合：

$$（変化の割合）＝\dfrac{（y \text{ の増加量}）}{（x \text{ の増加量}）}＝（傾き）$$

$y＝2x＋1$ の $x＝1$ から $x＝2$ までの変化の割合は

$x＝1$ のとき　$y＝2×1＋1＝3$

$x＝2$ のとき　$y＝2×2＋1＝5$

$$\dfrac{（y\text{の増加量}）}{（x\text{の増加量}）}＝\dfrac{5－3}{2－1}＝\dfrac{2}{1}＝2$$

1次関数の $y＝ax＋b$ グラフ

　傾き 2，y 切片 1 の直線 $y＝2x＋1$ のグラフは右の図のようになります．グラフ上の点 $(1,\ 3)$ と点 $(2,\ 5)$ は関係式 $y＝2x＋1$ を成り立たせます．

　ここで，1次関数 $y＝2x＋1$ の変化の割合は，グラフを表す直線の傾きを表し，$(0,\ 1)$ は直線と y 軸の交点の y 座標（切片）を表します．

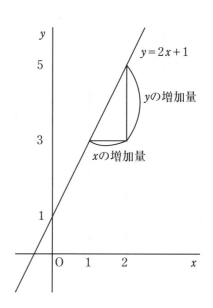

基本問題
答え

(1)　$x＝2$ のとき　$y＝－1$，　　$x＝4$ のとき　$y＝－5$

　　　変化の割合は　$\dfrac{－5－(－1)}{4－2}＝－2$

(2)

x	-1	0	1	2	3	4
y	5	3	1	-1	-3	-5

(3)　傾き -2，　　切片 3

1次関数 $y=-2x+3$ について，次の問いに答えましょう．

(1) $x=2$ から $x=4$ までの変化の割合を求めましょう．

$x=2$ のとき $y=-2\times2+3=$ ☐

$x=4$ のとき $y=-2\times4+3=$ ☐

変化の割合は $\dfrac{\boxed{}}{4-2}=$ ☐

(2) x と y の対応表を完成させましょう．

x	-1	0	1	2	3	4
y		3	1		-3	

(3) グラフをかくと右の図のようになります．

これは，傾きが ☐ ，

切片が ☐ の直線になります．

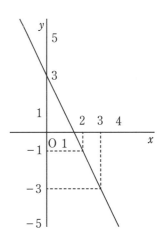

💡 **1次関数のグラフ（直線）**

1次関数のグラフは直線になります．1本の直線を引くためには
2点を決めればよいわけです．
また，1次関数の変化の割合は直線の傾きと一致することを知っ
ておくとよいでしょう．

STEP 11 REPEAT

1 1次関数 $y=4x-3$ について，x の値が次のように増加するときの変化の割合を求めましょう．

(1) $x=5$ から，$x=8$ まで．

(2) $x=-1$ から，$x=2$ まで．

(3) $x=a$ から，$x=a+3$ まで．

2 1次関数 $y=2x+1$ について，x と y の対応表を完成させましょう．

x	-3	-2	-1	0			
y				1	3	5	7

3 1次関数 $y = -2x + 1$ について，次の問いに答えましょう．

(1) $y = -2x + 1$ 上の点で，x 座標が4であるような点の座標を求めましょう．

点 (4, 　　　)

(2) $y = -2x + 1$ 上の点で，y 座標が5であるような点の座標を求めましょう．

点 (　　　, 5)

(3) 1次関数 $y = -2x + 1$ のグラフは直線になります．この直線の傾きを求めましょう．

傾き (　　　)

(4) 1次関数 $y = -2x + 1$ のグラフの切片の座標を求めましょう．

切片 (0, 　　　)

第3章　1次関数

$y = ax + b$ のグラフ

1次関数 $y = ax + b$（a, b は定数）のグラフのかき方は

〈方法1〉 切片の座標（もしくは他の1点）と傾き

　　　$y = 2x + 1$ の切片1なので y 軸上の

　点（0, 1）を通ります.

　　また, 傾きは2なので, x が1増

　えると, y は2増えます.

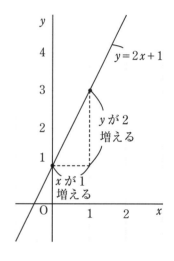

〈方法2〉 通過する2点

　　　$y = -2x + 6$ 上の $x = 1$ のとき

　y 座標は $y = -2 \times 1 + 6 = 4$

　1つの点は（1, 4）

　　同様に $x = 2$ のとき $y = 2$

　もう1つの点は（2, 2）

　　これらの2点を直線で結びます.

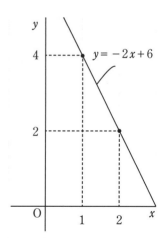

基本問題
答え

(1)　切片4なので, y 軸上の点（0, 4）を通り
　　傾き -1 の直線になります.

(2)　$x = 2$ のとき　$y = \dfrac{1}{2} \times 2 - 2 = -1$　（2, -1）

　　　$x = 4$ のとき　$y = \dfrac{1}{2} \times 4 - 2 = 0$　（4, 0）

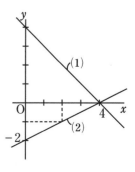

次の1次関数のグラフをかきましょう.

(1) $y = -x + 4$ （切片と傾きで）

切片は □ なので, y 軸上の点 （0 , □ ）

を通り, 傾き □ の直線になります.

(2) $y = \dfrac{1}{2}x - 2$ （$x = 2$, $x = 4$ のグラフ上の点）

$x = 2$ のとき $y = \dfrac{1}{2} \times \boxed{} - 2 = \boxed{}$ （2 , □ ）

$x = 4$ のとき $y = \dfrac{1}{2} \times \boxed{} - 2 = \boxed{}$ （4 , □ ）

REPEAT

1　次の 1 次関数のグラフを，切片と傾きを使う方法でかきましょう．

(1)　$y = 2x - 4$

(2)　$y = -x + 5$

(3)　$y = -\dfrac{1}{2}x + 1$

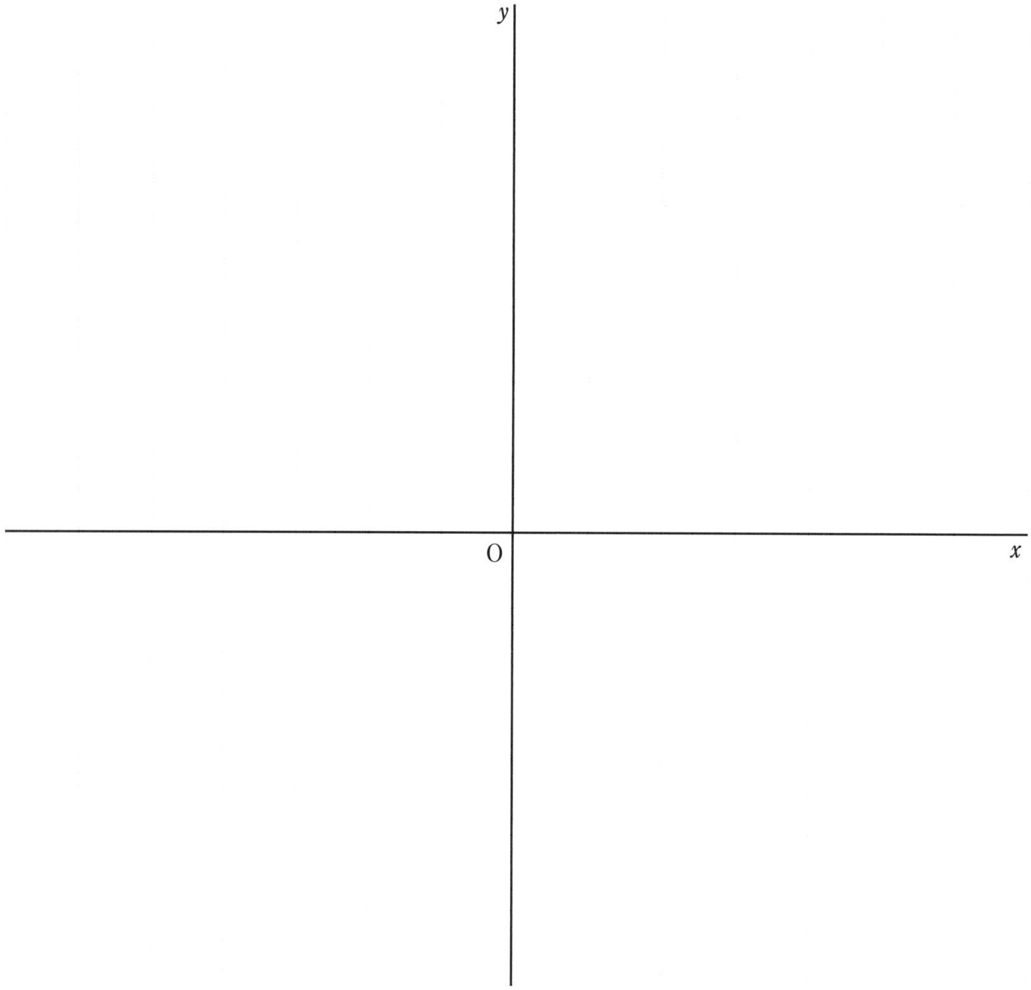

学習日

2 次の1次関数のグラフを，グラフ上の2点の座標を求めてかきましょう．

(1) $y = -2x + 4$

(2) $y = x - 3$

(3) $y = \dfrac{1}{3}x + 2$

直線の式

　1次関数のグラフは直線になるので，1次関数の式のことを直線の式ともいいます．

$$直線の式 \longrightarrow y = ax + b \ (a：傾き，b：切片)$$

　直線の式の求め方

＜傾きと切片＞：傾きが -2 $(a = -2)$，切片 3 $(b = 3)$ の直線の式は

$$y = -2x + 3$$

＜傾きと1点＞：傾きが 2 $(a = 2)$，点 $(2, 3)$ を通る直線の式は

　　　　　$y = 2x + b$ とおきます．点 $(2, 3)$ を通るので

　　　　　$x = 2, y = 3$ を代入すると　$3 = 2 \times 2 + b$

　　　　　よって　$b = -1$　　ゆえに　$y = 2x - 1$

〈2点を通る〉：2点 $(3, 4)$，$(5, 10)$ を通る直線の式は $y = ax + b$ とおきます．

　　　　　点 $(3, 4)$ を通るので　　$4 = 3a + b$ ……①

　　　　　点 $(5, 10)$ を通るので　$10 = 5a + b$ ……②

　　　　　①，②の連立方程式を解きます．

　　　　　②－① より　$6 = 2a$　　よって　$a = 3$

　　　　　①に代入して　$4 = 3 \times 3 + b$　　よって　$b = -5$

　　　　　ゆえに　$y = 3x - 5$

　(1)　$y = 2x - 3$

　(2)　$x = 3, y = 9$ を代入して　$9 = 2 \times 3 + b$

　　　　よって　$b = 3$　　ゆえに　$y = 2x + 3$

　(3)　$3 = a \times 0 + b$　　$b = 3$

　　　　$-1 = a \times 2 + b$　　$a = -2$　　よって　$y = -2x + 3$

次の条件をみたす直線の式を求めましょう.

(1) 傾きが2, 切片が-3

解答 $y = \boxed{} x \boxed{}$ ← $y = ax + b$ で $a = 2$, $b = -3$

(2) 点 (3, 9) を通り, 傾きが2

解答 傾きが2なので, 直線は $y = 2x + b$ とおくことができます.

点 (3, 9) を通るので $x = \boxed{}$, $y = \boxed{}$ を代入して

$\boxed{} = 2 \times \boxed{} + b$ よって $b = \boxed{}$

ゆえに $y = \boxed{2x + }$

(3) 2点 (0, 3), (2, -1) を通る.

解答 求める式を $y = ax + b$ とおくことができます.

点 (0, 3) を通るので $3 = a \times \boxed{} + b$ $b = \boxed{}$

点 (2, -1) を通るので $-1 = a \times \boxed{} + b$

b の値を代入して $a = \boxed{}$

ゆえに $y = \boxed{}$

💡 **直線の式の決定**

直線 $y = ax + b$ の式を求めるためには, a, b の値を決めればよいことになります. そのためには, 条件が2つ必要になることに注意しましょう.

1 次の条件をみたす直線の式を求めましょう.

(1) 傾きが $-\dfrac{1}{2}$ で, 切片が 2

(2) 点 $(2,\ 3)$ を通り, 傾きが $\dfrac{2}{3}$

(3) 点 $(2,\ 0)$ を通り, 切片が -3

(4) 点 $(8,\ 2)$ を通り, 直線 $y=\dfrac{3}{4}x+1$ に平行.

ヒント　平行な直線の傾きは等しく, $\dfrac{3}{4}$ になります.

学習日

自己評価

再度チャレンジ

ナットク

完全合格

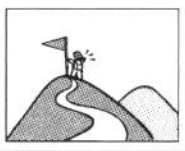

2 次の2点を通る直線の式を求めましょう.

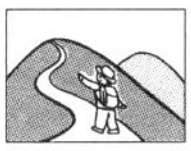

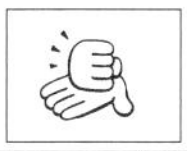

(1) $(0,\ -2)$, $(3,\ 0)$

(2) $(-1,\ 1)$, $(1,\ 5)$

(3) $(1,\ -3)$, $(2,\ -1)$

(4) $(2,\ -5)$, $(5,\ 1)$

第3章　1次関数

2元1次方程式と1次関数

2元1次方程式 $2x-y=1$……① は，y について解くと $y=2x-1$ となり，y は x の1次関数と見ることができます.

また，2元1次方程式 $x+y=5$……② は，y について解くと $y=-x+5$ となり，y は x の1次関数と見ることができます.

連立方程式 $\begin{cases} 2x-y=1……① \\ x+y=5……② \end{cases}$ の解と

2直線の交点の座標には，密接な関係があります.

連立方程式を解くと

①＋② より　$3x=6$

よって　$x=2$

これを ② に代入して

$2+y=5$　　よって　$y=3$

$\begin{cases} x=2 \\ y=3 \end{cases}$

したがって，2直線①，② の交点の座標は，(2, 3) になります.

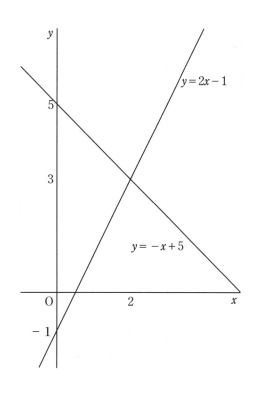

$y=2x-1$

$y=-x+5$

基本問題
答え

$y=-x+7$　……①′

$y=-2x+10$……②′

(3, 4) $\begin{cases} x=3 \\ y=4 \end{cases}$

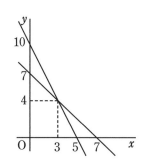

連立方程式 $\begin{cases} x+y=7 & \cdots\cdots① \\ 2x+y=10 & \cdots\cdots② \end{cases}$ の解を，グラフをかいて求めましょう．

①を y について解くと　$y=$ [   ]　$\cdots\cdots①'$

②を y について解くと　$y=$ [   ]　$\cdots\cdots②'$

$①'$，$②'$ のグラフをかいて交点は（　　，　　）なので

連立方程式の解は $\begin{cases} x= \\ y= \end{cases}$

1 次の連立方程式の解を，2直線のグラフをかいて求めましょう．

(1) $\begin{cases} x+2y=2 & \cdots\cdots ① \\ 2x+y=-2 & \cdots\cdots ② \end{cases}$

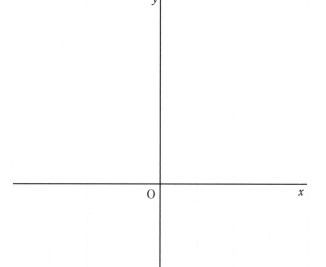

(2) $\begin{cases} x+y=3 & \cdots\cdots ① \\ x-y=-1 & \cdots\cdots ② \end{cases}$

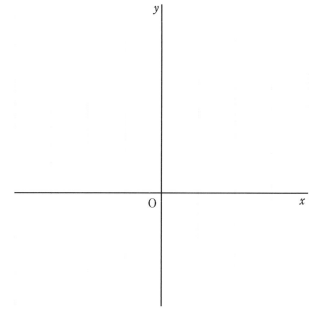

2 次の2直線の交点の座標を，連立方程式の解として求めましょう．

(1) $y = 2x - 1$, $y = -x + 4$

(2) $x + 2y = 4$, $x - y = -2$

(3) $x + 2y = 2$, $y = -3$

第3章　1次関数

1次関数の利用

　速さの問題を考えてみましょう.

　右のグラフは, 家から 2 km はなれた学校まで歩いたときのようすを表しています.

　家を出て 30 分後に学校に着いています.

　時間が x 軸で, 家からの道のりが y 軸になります.

　家を出てから, x 分後の道のり y (m) は,

$$y = \frac{2000}{30}x \quad \text{つまり} \quad y = \frac{200}{3}x \quad \text{となり}$$

ます.

　グラフの傾きが速さを表し, 速いほど傾きが大きくなります.

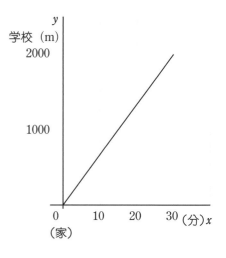

　また, 文章題などの問題では, 2つの変数 x, y をどれにするか明確にして立式します. x, y の変域にも注意します.

(1) 兄

(2) 弟　$y = \dfrac{200}{3}x$ ……①, 兄　傾き 200, $y = 200x + b$

　　　$0 = 200 \times 35 + b$　より　$b = -7000$　　よって　$y = 200x - 7000$ ……②

(3) $\dfrac{200}{3}x = 200x - 7000$　　よって　$x = \dfrac{105}{2}$　　①より　$y = 3500$

　　家から 3500m のところで追いつく.

兄と弟 2 人が，家から 4 km はなれた図書館に行きます．弟は徒歩で，兄は弟が出た 35 分後に，自転車で行きました．それぞれ家を出て弟は 60 分後，兄は 20 分後に図書館に着きました.

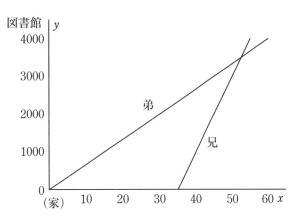

(1) 兄と弟は，どちらが先に図書館に着きましたか.

_____

(2) 弟が出発して，x 分後の家からの道のりを y (m) として，x, y の関係を，兄と弟についてそれぞれ求めましょう.

$\boxed{\text{解答}}$　弟は点 $(0, 0)$, $(60, 4000)$ を通るので

$$y = \frac{4000}{60}x \quad \text{よって} \quad y = \boxed{} \quad \cdots\cdots ①$$

兄は点 $(35, 0)$, $(55, 4000)$ を通り，傾き $\dfrac{4000-0}{55-35} = \boxed{}$

なので，$y = \boxed{} x + b$ とおく．点 $(35, 0)$ を通るので

$$0 = \boxed{} \times 35 + b \quad \text{より} \quad b = \boxed{}$$

よって　$y = \boxed{} \quad\quad\quad \cdots\cdots ②$

(3) 兄が弟に追いついたときの家からの道のりを求めましょう.

$\boxed{\text{解答}}$　①，②より y を消去すると $\boxed{} = \boxed{}$

よって　$x = \boxed{}$　　　①より　$y = \boxed{}$

家から $\boxed{}$ m のところで追いつく.

69

1 　家から 4 km はなれたと
ころに図書館があります.
弟は家から図書館に向かっ
て歩き,兄は図書館から家
に向かって走ります.
　右のグラフは同時に出発
したときの関係を表したも
のです. このとき,2 人は
家からの道のりが何 m のと
ころで出会いますか.

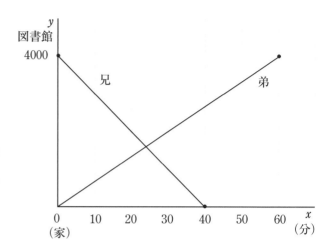

2 ばねののびは，つるしたおもりの重さに比例します.

あるばねに 25 g のおもりをつるすと，ばねの長さは 65 mm になり，100 g のおもりをつるすと，ばねの長さは 110 mm になります.

(1) x g のおもりをつるしたとき，ばねの長さ y mm とするとき，y を x の式で表しましょう.

(2) 80 g のおもりをつるしたときの，ばねの長さを求めましょう.

(3) ばねの長さが 83 mm になるとき，つるしたおもりの重さを求めましょう.

第3章　期末対策

1　1次関数 $y=-2x+5$ について,

(1)　$x=4$ のときの y の値を求めましょう.

(2)　この1次関数の変化の割合を答えましょう.

(3)　x の値が6増加するときの y の増加量を求めましょう.

(4)　この1次関数のグラフの傾きと切片を答えましょう.

2　次の直線の式を求めましょう.

(1)　傾きが -2 で, 切片が4

(2)　傾きが3で, 点 $(3,\ 7)$ を通る.

(3)　2点 $(-3,\ 2)$, $(9,\ 10)$ を通る.

3 次の 1 次関数のグラフをかきましょう.

① $2x - y = 3$

② $2x + 3y = -6$

③ $\dfrac{x}{4} + \dfrac{y}{3} = 1$

④ $x - \dfrac{1}{3}y + 1 = 0$

第3章　期末対策

4　2点 A(3, 4), B(−1, 2) があります.

(1)　2点 A, B を通る直線の式を求めましょう.

(2)　点 $(c, 1)$ が, (1)で求めた直線の上にあるように, c の値を定めましょう.

5　右のグラフは, 連立方程式

$$\begin{cases} y = \boxed{} & \cdots\cdots① \\ y = \boxed{} & \cdots\cdots② \end{cases}$$

を解くためにかいたものです.

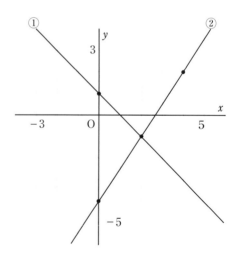

(1)　□ にあてはまる式をかきましょう.

(2)　連立方程式の解を求めましょう.

$$\begin{cases} x = \boxed{} \\ y = \boxed{} \end{cases}$$

6 ビーカーに $150\,\text{cm}^3$ の小麦粉を入れたときの重さは $125\,\text{g}$, $300\,\text{cm}^3$ の小麦粉を入れたときの重さは $185\,\text{g}$ になります.

(1) このビーカーに $x\,\text{cm}^3$ の小麦粉を入れたときの重さを $y\,\text{g}$ とするとき, y を x の式で表しましょう.

(2) ビーカーに $100\,\text{cm}^3$ の小麦粉を入れたときの重さを求めましょう.

(3) 重さが $100\,\text{g}$ になるとき, 何 cm^3 の小麦粉をビーカーに入れたか求めましょう.

第4章　図形の性質の調べ方

平行線と角

2直線が交わると，交点のまわりに4つの角ができます．

対頂角：向かいあっている角

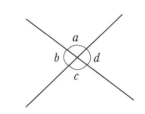

$$\angle a = \angle c$$

$$\angle b = \angle d$$

対頂角は等しい

2直線にもう1つ直線が交わると，2つの交点の
まわりに4つずつ角ができます．

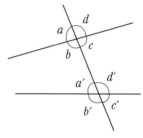

同位角：$\angle a$と$\angle a'$，$\angle b$と$\angle b'$ など

錯　角：$\angle c$と$\angle a'$，$\angle b$と$\angle d'$ など

平行な2直線に，もう1つの直線が交わるとき
を考えます．

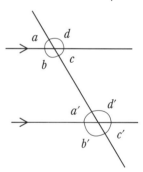

2直線が平行

→ 同位角，錯角が等しい

$\angle a = \angle a'$，$\angle c = \angle a'$ など

同位角，錯角が等しい

→ 2直線は平行

(1)　$\angle x = 180° - 110° = 70°$

(2)　$\angle x = 180° - 35° = 145°$

(3)　$\angle x = 40° + 30° = 70°$

次の∠x の大きさを求めましょう.

(1)

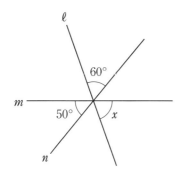 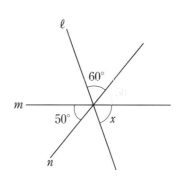

直線 ℓ において，$\angle x = 180° - $ ⬜ $= $ ⬜

(2)　$\ell /\!/ m$

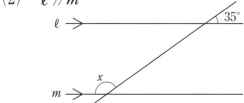 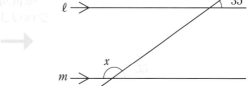

直線 m において，$\angle x = 180° - $ ⬜ $= $ ⬜

(3)　$\ell /\!/ m$

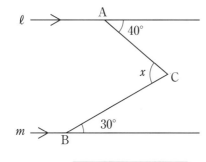 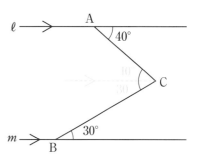

$\angle x = $ ⬜ $+ $ ⬜ $= $ ⬜

1   次の図の∠x の大きさを求めましょう.

(1)

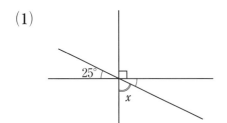

(2)   ℓ // m

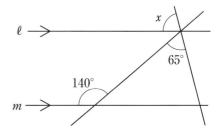

(3)   ℓ // m

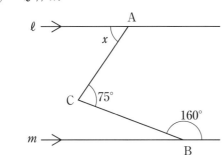

2   ℓ // m, m // n ならば, ℓ // n であることを図のような ∠a, ∠b, ∠c を用いて説明しましょう.

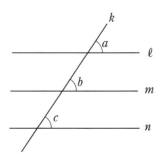

3 右図のように，5本の直線が1点Oで交わっているとき，∠AOB，∠COD，∠EOF，∠GOH，∠IOJ の和を求めましょう．

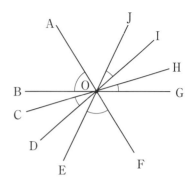

4 $\ell \mathbin{/\!/} m$ のとき，右の図の ∠x と ∠y の大きさを求めましょう．

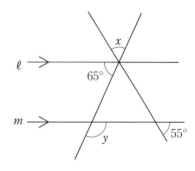

5 $\ell \mathbin{/\!/} m$ のとき，右の図の ∠x と ∠y の大きさを求めましょう．

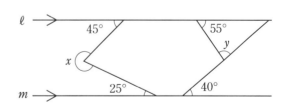

三角形の内角・外角

　△ABC で，∠A，∠B，∠C を内角といい，
1 つの辺ととなりの辺の延長線とがつくる角，
∠ACD や∠BCE を頂点 C における外角といい
ます．

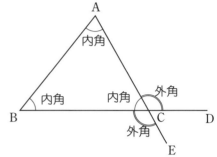

　三角形 ABC の頂点 A の内角を ∠a，頂点 B の内角 を ∠b，頂点 C の内
角を ∠c とすると，内角と外角の間には次のような関係が成り立ちます．

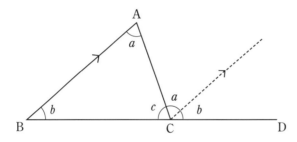

平行線の性質を利用して　$\angle a + \angle b + \angle c = 180°$

また，∠c の外角は ∠a + ∠b に等しいことがわかります．

三角形の内角の和は 180°

三角形の外角は

それととなり合わない 2 つの内角の和に等しい

(1)　$\angle x = 180° - (20° + 90°) = 70°$

(2)　$\angle x = 180° - (30° + 105°) = 45°$

(3)　$\angle x = 60° + 45° = 105°$

(4)　$75° = \angle x + 30°$　　よって　$\angle x = 45°$

基本問題

次の図で ∠x の大きさを求めましょう.

(1)

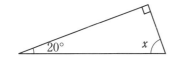

三角形の内角の和は 180° なので

$$\angle x = \boxed{180° - (\quad + \quad)}$$

$$= \boxed{}$$

(2)

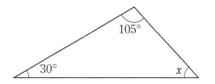

$$\angle x = \boxed{180° - (\quad + \quad)}$$

$$= \boxed{}$$

(3)

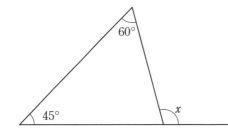

(4)

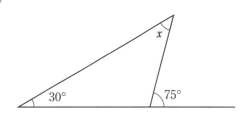

三角形の外角は,それととなり合わない2つの内角の和に等しいので

$$\angle x = \boxed{\quad + \quad}$$

$$= \boxed{}$$

$$75° = \boxed{\quad + \quad}$$

よって $\angle x = \boxed{}$

STEP 17 *REPEAT*

1 次の図で ∠*x*, ∠*y* の大きさを求めましょう.

(1)

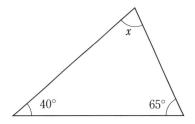

(2)

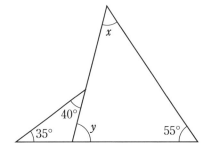

(3)

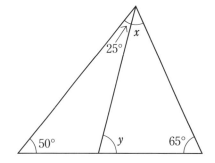

次の図で ∠x，∠y の大きさを求めましょう．

(1)

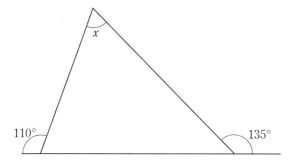

(2)

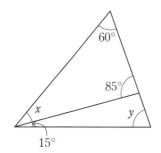

(3)

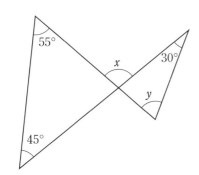

多角形の内角・外角

　五角形は，対角線で $(5-2)=3$ 個の三角形に分けられます．

　よって，内角の和は $180° \times 3 = 540°$ です．

　一般に n 角形は，対角線によって $(n-2)$ 個の三角形に分けられ，内角の和は

n 角形の内角の和：$180° \times (n-2)$

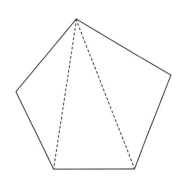

　多角形の各頂点で1つずつとった外角の和を多角形の外角の和といいます．

$(\angle a + \angle b + \angle c + \angle d + \angle e)$

　各頂点での内角と外角の和は $180°$ です．

$\angle a + \angle b + \angle c + \angle d + \angle e$

$= 180° \times 5 - 540°$（五角形の内角の和）

$= 360°$（一定）

多角形の外角の和：$360°$（一定）

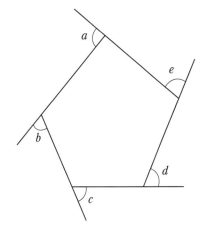

基本問題
答え

1　内角の和　$180° \times (6-2) = 720°$

　　外角の和　$180° \times 6 - 180° \times (6-2) = 360°$

2　(1)　$\angle x = 540° - (80° + 90° + 115° + 115°) = 140°$

　　(2)　$\angle x = 360° - (80° + 35° + 115°) = 130°$

基本問題

1　六角形の内角の和と外角の和を
それぞれ求めましょう.

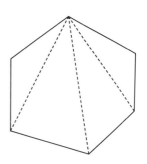

内角の和は

$180° × (6 - \boxed{}) = \boxed{}$

外角の和は

$180° × 6 - 180° × (6 - \boxed{}) = \boxed{}$

2　次の図で, ∠x の大きさを求めましょう.

(1)

115°
115°
x
80°

$∠x = 540° - \boxed{}$

$= \boxed{}$

(2)

80°
35°
x
115°

$∠x = 360° - \boxed{}$

$= \boxed{}$

💡 **凹四角形**

四角形の中には, 右のようにへこんだ形
の四角形もあります. 補助線を引いて,
考えるとよいでしょう.

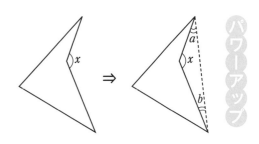

x ⇒ a x b

パワーアップ

85

1   八角形の内角の和と外角の和をそれぞれ求めましょう.

2   内角の和が $900°$ の多角形は何角形か求めましょう.

3   次の図で, $\angle x$ の大きさを求めましょう.

(1)

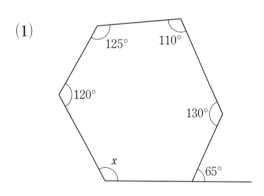

(2)

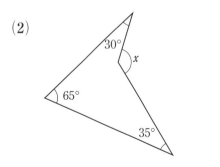

4 正十二角形の1つの内角と外角の大きさをそれぞれ求めましょう.

5 内角の和が1620°の多角形は何角形か求めましょう.

6 次の図で, $\angle x$ の大きさを求めましょう.

(1)

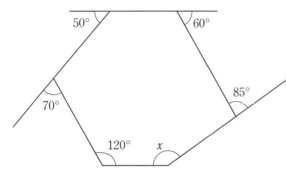

(2)

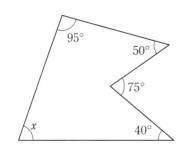

第4章　図形の性質の調べ方

合同な図形

　平面上の2つの図形について，一方を動かしたり，ひっくり返したりすることによって他方にぴったり重ね合わせることができるとき，2つの図形は合同であるといいます．

　右の図の四角形 ABCD と四角形 A′B′C′D′ は，頂点 A と A′，B と B′，C と C′，D と D′ を重ねるとぴったり重なり合同です．合同を表すには「≡」を用いて

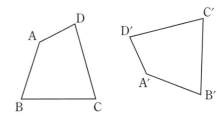

　　四角形 ABCD ≡ 四角形 A′B′C′D′　のようにかく．

　　　　　　　　　対応の順にかく

三角形の合同条件

① 3辺がそれぞれ等しい

② 2辺とその間の角がそれぞれ等しい

③ 1辺とその両端の角がそれぞれ等しい

基本問題
答え

1　(1)　五角形 ABCDE ≡ 五角形 PTSRQ

　　(2)　∠T　　　(3)　辺 RQ

2　△ABC ≡ △NMO（2辺とその間の角がそれぞれ等しい）

　　△DEF ≡ △LKJ（1辺とその両端の角がそれぞれ等しい）

　　△GHI ≡ △RPQ（3辺がそれぞれ等しい）

1 右図の2つの五角形は合同です.

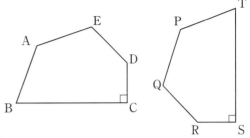

(1) 2つの五角形が合同であること
を記号≡を使って表しましょう.

(2) ∠B に対応する角を答えましょう.

(3) 辺 DE に対応する辺を答えましょう.

2 次の三角形のうち,合同な三角形を記号≡を使って表し,そのとき
の合同条件を答えましょう.

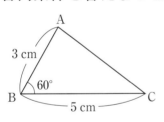

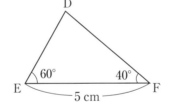

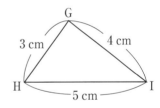

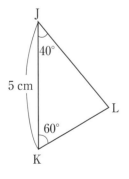

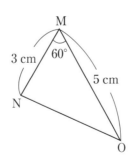

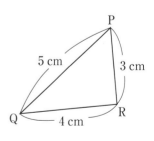

1　右の図の2つ四角形は合同です.

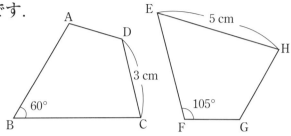

（1）　2つの四角形が合同
であることを記号≡を
使って表しましょう.

（2）　∠A の大きさを求めましょう.

（3）　辺 HG の長さを求めましょう.

2　次の三角形のうち，合同な三角形を記号≡を使って表し，そのとき
の合同条件を答えましょう.

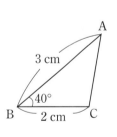

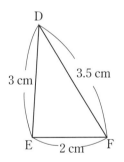

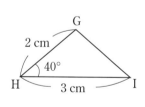

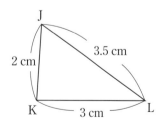

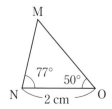

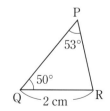

3 　右の図の２つの四角形は合同です．

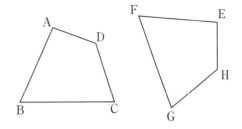

(1)　２つの四角形が合同であること
　　を記号≡を使って表しましょう．

(2)　辺 AD に対応する辺を答えましょう．

(3)　∠EHG に対応する角を答えましょう．

(4)　対角線 AC と対応している対角線を答えましょう．

4 　次のそれぞれの図で２つの三角形は合同です．それぞれの合同条件
を答えましょう．ただし同じ印をつけた辺の長さは等しいことを表し
ます．

(1)

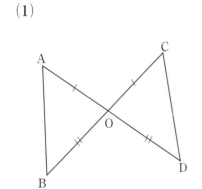

(2)

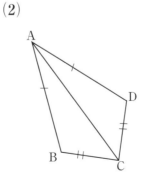

(3)　AB∥CD

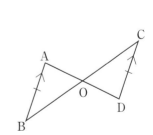

証明する：　（仮定）　——————→　（結論）
　　　　　　わかっていること　　　　　示したい内容

　図形の性質を証明するときには，仮定，結論を正確につかみ，根拠を示しながら，仮定から結論を導きます．

　このとき，三角形の合同などがよく使用されます.

　　四角形 ABCD において

AB＝AD，BC＝DC　ならば
　　　（仮定）

　　∠B＝∠D　である.
　　　（結論）

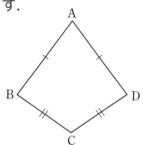

証明：　　A と C を結ぶ.

　△ABC と△ADC において

仮定から　AB＝AD ……①

　　　　　　BC＝DC ……②

また，AC は共通　……③

①，②，③より，3 辺がそれぞれ等しく

△ABC≡△ADC　　よって　∠B＝∠D

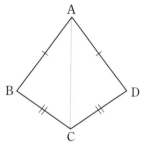

基本問題
答え

　①　(1)　仮定：△ABC≡△DEF　　結論：∠B＝∠E

　　　(2)　仮定：三角形　　　　　結論：内角の和は 180°

　②　MA＝MB ……①,　　MC＝MD ……②,　　∠AMC＝∠BMD ……③

　　　AC＝BD

1 次のそれぞれについて，仮定と結論をいいましょう．

(1) △ABC≡△DEF ならば ∠B＝∠E

仮定： [   ]　　　結論： [   ]

(2) 三角形の内角の和は，180°である．

仮定： [   ]　　　結論： [   ]

2 2つの線分 AB と CD がそれぞれ中点 M で交わっているとき，AC＝BD であることを証明しましょう．

証明　△MAC と △MBD において，

仮定から　MA＝ [   ] ……①

MC＝ [   ] ……②

また，対頂角は等しいので

∠AMC＝∠ [   ] ……③

①～③より　△MAC≡△MBD

よって　AC＝ [   ]

💡 **証明の流れ**

2 において

仮定から①，②がいえる ┐
対頂角が等しい③がいえる ┘ → 合同条件成立 → AC＝BD

93

1 次のそれぞれについて，仮定と結論をいいましょう．

(1) $\ell /\!/ m$, $m /\!/ n$ ならば $\ell /\!/ n$ である．

仮定：

結論：

(2) $a=b$, $c=d$ ならば $a+c=b+d$ である．

仮定：

結論：

(3) 偶数の2乗は偶数である．

仮定：

結論：

2 2つの線分 AB と CD がそれぞれ中点 M で交わっているとき，AC//DB であることを証明しましょう．

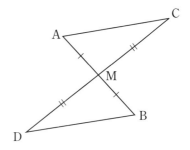

3 右の図において

(1) AB//CD，AO＝DO ならば，
AB＝CD を証明しましょう．

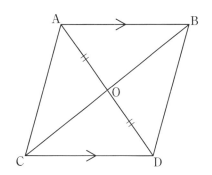

(2) AB//CD，AO＝DO ならば，AC＝BD を証明しましょう．

95

第4章　期末対策

1 次の∠x の大きさを求めましょう.

(1)

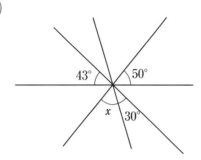

(2)　$\ell \ /\!/ \ m$

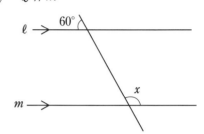

(3)　$\ell \ /\!/ \ m$

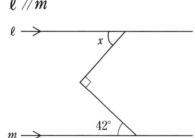

(4)　$\ell \ /\!/ \ m$

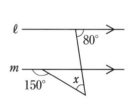

(5)　$\ell \ /\!/ \ m$

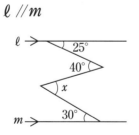

(6)　$\ell \ /\!/ \ m$

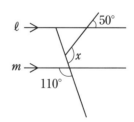

2　次の図で，∠x の大きさを求めましょう．

(1)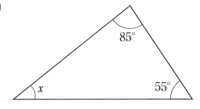

(2)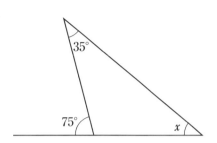

(3)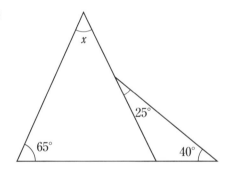

(4)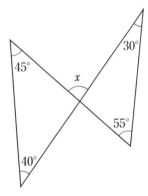

(5)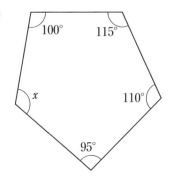

(6)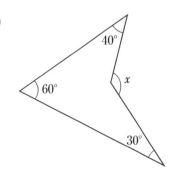

第4章　期末対策

3　平行な2直線 AB, CD に1つの直線が交わるとき, 交点をそれぞれ E, F とします. このとき, ∠AEF, ∠EFD の二等分線上にそれぞれ点 P, Q をとると, PE∥FQ となります.

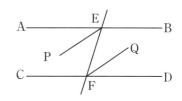

(1)　仮定と結論を答えましょう.

　　仮定：

　　結論：

(2)　このことを証明しましょう.

ヒント　平行であることを証明するためには, 同位角または錯角が等しいことを示す.

4　次の条件をみたす三角形が, 2つあるとします. 合同であるものをすべて選びましょう.

㋐　直角をはさむ2辺の長さが 4 cm と 7 cm である直角三角形.

㋑　1辺の長さが 8 cm である正三角形.

㋒　1辺の長さが 6 cm で, 2つの角の大きさが 50° と 60° である三角形.

㋓　3辺の長さが 4 cm, 6 cm, 8 cm である三角形.

㋔　3つの角の大きさが 40°, 60°, 80° である三角形.

　　合同なもの　（　　　　　　　　　　　　　　　）

5 右の図で, AB＝AD, ∠ABC＝∠ADE
ならば, AC＝AE であることを証明しま
しょう.

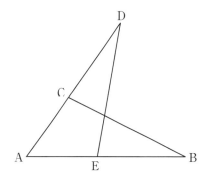

6 AD∥BC である四角形 ABCD で,
辺 CD の中点を M として, A と M を
結びます.

AM と BC をそれぞれ延長した直
線の交点を E とするとき, AM＝ME
となることを証明しましょう.

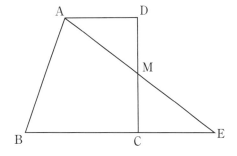

第5章　三角形・四角形

二等辺三角形・正三角形

二等辺三角形で長さが等しい２辺の間の角を頂角，頂角に対する辺を底辺，底辺の両端の角を底角といいます．

二等辺三角形の性質

① 　二等辺三角形の底角は等しい

② 　二等辺三角形の頂角の二等分線は底辺を垂直に二等分する

逆に，三角形が二等辺三角形となるための条件として２つの角が等しい三角形は，二等辺三角形となります．

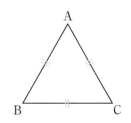

正三角形は，二等辺三角形の特別なものと考えて

△ABC が正三角形ならば ∠A = ∠B = ∠C

逆に，△ABC において

∠A = ∠B = ∠C ならば △ABC は正三角形

$AB = AC$ ……①

$BM = CM$ ……②

3辺がそれぞれ等しい

$\triangle ABM \equiv \triangle ACM$

AB＝AC である二等辺三角形 ABC において
∠B＝∠C であることを証明しましょう．
（二等辺三角形の性質①の証明）

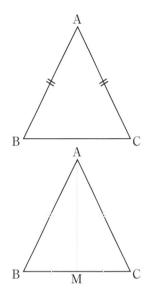

証明 頂点 A と辺 BC の中点 M を結ぶ．
△ABM と△ACM において

仮定より　AB＝ ☐ 　……①

M は BC の中点だから

BM＝ ☐ 　……②

また，AM は共通 　……③

①，②，③ より ☐ ので

△ABM≡ ☐

合同な三角形の対応する角は等しいので

∠B＝∠C

 二等辺三角形の性質②

上の証明から
∠BAM＝∠CAM（頂角の二等分線）

∠AMB＝∠AMC＝90°
BM＝CM
（垂直に二等分）

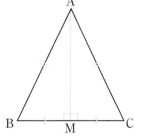

101

1 次の図で∠*x*, ∠*y* の大きさを求めましょう.

(1)

(2)

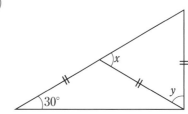

(3)

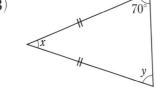

(4)

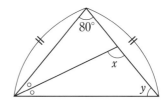

2 右の図のように, AB＝AC である二等辺三角形 ABC の頂点 A が頂点 C に重なるように折り返したときの折り目を DE とします.
∠DCB＝15° のとき, ∠B の大きさを求めましょう.

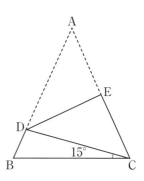

3 右の図で，AB∥CD,
△PQR は正三角形とします.
∠APQ＝x,　∠PRD＝y
とするとき，yをxの式
で表しましょう.

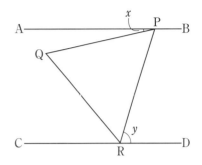

4 右の図において，△ADB,
△ACE はそれぞれ正三角形
です.

(1) DC＝BE であることを
証明しましょう.

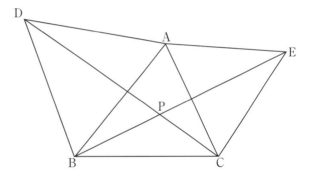

(2) BE と DC の交点を P とするとき，∠BPC の大きさを求めましょ
う.

第5章　三角形・四角形

直角三角形の合同

　2つの直角三角形が合同になるための条件は，三角形の合同条件をみたす以外に，次の各場合も合同になります．

直角三角形の合同条件

① 斜辺と1つの鋭角がそれぞれ等しいとき

② 斜辺と他の1辺がそれぞれ等しいとき

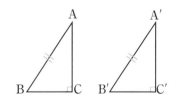

　2つの直角三角形△ABC と △A′B′C′ で斜辺
AB＝A′B′ とするとき

① 　∠B＝∠B′ ならば，∠A＋∠B＝90°，

　∠A′＋∠B′＝90° なので　∠A＝∠A′

　よって　△ABC≡△A′B′C′

② 　AC＝A′C′ ならば，△A′B′C′ を裏返して A′C′

　と AC を重ねると，∠C＝∠C′＝90° なので3点 B，

　C，B′ は一直線上に並び，AB＝A′B′ より　∠B＝∠B′

　① と同様に考えて　△ABC≡△A′B′C′

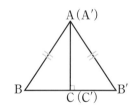

斜辺　　　　　　……①

∠BCD＝∠CBE ……②

斜辺と1つの鋭角がそれぞれ等しい

△BCD≡△CBE

AB＝AC である △ABC において，点 B，C からそれぞれ辺 AC，AB に垂線 BD，CE を下ろします．△BCD≡△CBE であることを証明しましょう．

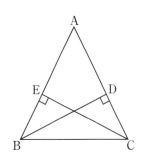

証明　△BCD と △CBE において

BC は共通の [　　　　　　] …… ①

AB＝AC より △ABC は二等辺三角形.

∠BCD ＝ [　　　　　　] …… ②

△BCD と △CBE は直角三角形.

直角三角形の

[　　　　　　　　　　　　　　　　] ので

△BCD ≡ [　　　　　　]

 鋭角と鈍角

直角三角形の合同条件に鋭角ということばが現れました．0°より大きく90°より小さい角を鋭角，90°より大きく180°より小さい角を鈍角といいます．

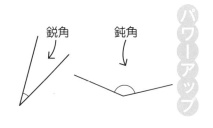

鋭角　　鈍角

パワーアップ

1 右の図で ∠A = ∠D = 90°, AB = DC とします.

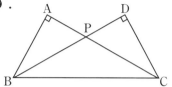

(1) △ABC ≡ △DCB を証明しましょう.

(2) AC と BD の交点を P とします.
　　 BP = 5cm のとき　CP の長さを求めましょう.

2 　右の図で，△ABC は直角二等辺三角形
で，∠BDA = ∠CEA = 90° です．

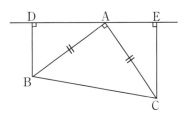

(1) 　△ADB ≡ △CEA であることを証明
　しましょう．

(2) 　BD + CE = DE であることを証明しましょう．

STEP 23　平行四辺形

2組の向かい合う辺がそれぞれ平行な四角形を平行四辺形といいます．（定義）

平行四辺形の定義から，次の性質が導くことができます．

平行四辺形の性質

① 2組の向かい合う辺は
それぞれ等しい

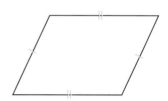

② 2組の向かい合う角は
それぞれ等しい

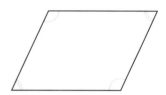

③ 対角線は，それぞれの
中点で交わる

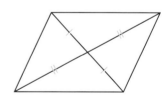

∠BAC＝∠DCA ……①

∠BCA＝∠DAC ……②

1 辺とその両端の角がそれぞれ等しい

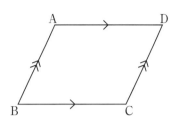

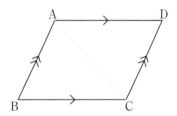

四角形 ABCD で，AB∥DC，AD∥BC
ならば，AB＝DC，AD＝BC が成り立つ
ことを証明しましょう。

証明 対角線 AC を引く。

△ABC と△CDA において

AB∥DC より

$$\angle BAC = \boxed{} \quad \cdots\cdots ①$$

AD∥BC より

$$\angle BCA = \boxed{} \quad \cdots\cdots ②$$

また，辺 AC は共通だから

$$AC = CA \quad\quad\quad \cdots\cdots ③$$

①，②，③より $\boxed{}$ ので

$$\triangle ABC \equiv \triangle CDA$$

合同な図形では，対応する辺はそれぞれ等しいので

$$AB = DC, \quad AD = BC$$

 平行四辺形

長方形やひし形，正方形などは
平行四辺形の特別の場合です。
平行四辺形にどのような条件を
加えればよいでしょう。

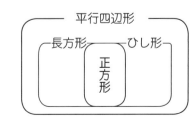

1 四角形 ABCD で AB∥DC, AD∥BC ならば, ∠A＝∠C,
∠B＝∠D が成り立つことを証明しましょう.

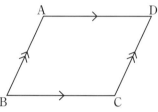

2

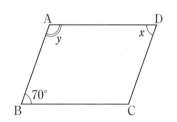

図のような平行四辺形 ABCD において
∠B＝70° のとき, x, y の値を求めま
しょう.

3   AB＝CD である平行四辺形 ABCD の対角線 AC，BD はそれぞれ
の中点で交わることを証明しましょう．

4   平行四辺形 ABCD において，
AB∥HF，AD∥EG とします．
　このとき，x, y の値，∠a, ∠b
の大きさをそれぞれ求めましょう．

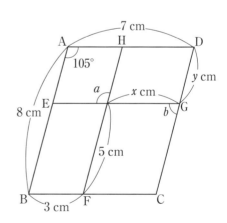

第5章　三角形・四角形

平行四辺形になる条件

四角形が平行四辺形になるためには，次の ①〜⑤ のいずれかが成り立つことを示します.

① 2組の向かい合う辺が
　それぞれ平行である(定義)

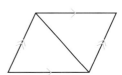

② 2組の向かい合う辺が
　それぞれ等しい

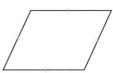

③ 2組の向かい合う角が
　それぞれ等しい

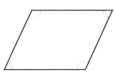

④ 対角線がそれぞれの
　中点で交わる

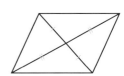

⑤ 1組の向かい合う辺が
　平行で等しい

基本問題
答え

AE∥FC ……①　　AD＝BC ……②

AE＝ED ……③　　BF＝FC ……④

AE＝FC ……⑤　　1組の向かい合う辺が平行で等しい

平行四辺形 ABCD の辺 AD，BC の中点をそれぞれ E，F とするとき，四角形 AFCE は平行四辺形であることを証明しましょう.

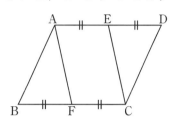

証明 四角形 ABCD は平行四辺形なので

AD∥BC　　つまり 　□ ∥ □　　……①

また 　□ ＝BC　　……②

仮定より E，F は辺 AD，BC の中点なので

　□ ＝ED　　……③

BF ＝ □　　……④

②，③，④より 　□ ＝ □　　……⑤

①，⑤より 　□　　ので

四角形 AFCE は平行四辺形.

上の問題で，△ABF≡△CDE が成り立ちます.
対応する辺の長さが等しいので　AF＝CE ……⑥
⑤，⑥より，2 組の向かい合う辺がそれぞれ等しい
ので，四角形 AFCE は平行四辺形
といろいろな証明が考えられます.

REPEAT

1 右の図のように平行四辺形 ABCD の辺 AB，BC，CD，DA の中点をそれぞれ E，F，G，H とし，AF，BG，CH，DE の交点を P，Q，R，S とすると，四角形 PQRS は平行四辺形であることを証明しましょう．

> **ヒント** 四角形 AFCH が平行四辺形であることを示し，四角形 EBGD が平行四辺形であることを示す．

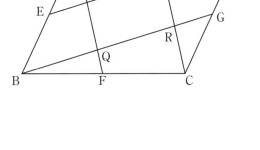

2 平行四辺形 ABCD の対角線 AC，BD 上に点 P，Q，R，S を
AP＝BQ＝CR＝DS となるようにとります．
　　このとき，四角形 PQRS が平行四辺形になることを証明しましょう．

ヒント　AC と BD の交点を O とする．
　　　　OP＝OR，OQ＝OS を示す．

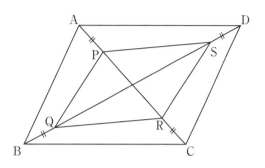

第5章　三角形・四角形

平行線と面積

底辺が共通な三角形

図のように直線 ℓ 上に2点 A，B と

直線 m 上に2点 P，Q について

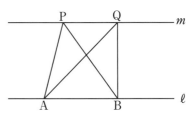

① $\ell /\!\!/ m$ ならば $\triangle PAB = \triangle QAB$

　　（$\triangle PAB = \triangle QAB$ は，2つの三角形の面積が等しいことを表す）

② $\triangle PAB = \triangle QAB$ ならば $PQ /\!\!/ AB$

が成り立つ.

面積を変えないで図形の形を変える

四角形 ABCD と面積が等しい $\triangle ABE$ をかくには

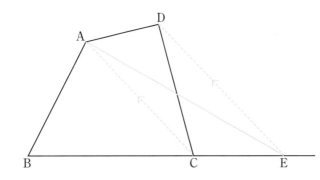

① 頂点 D を通り，AC に
　　平行な直線を引く.

② ①の直線と直線 BC の
　　交点を E とする.

③ A と E を結ぶ.

基本問題
答え

1 $\triangle DBP$, $\triangle BDQ$
　$\triangle AQD$

2

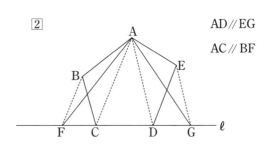

AD $/\!\!/$ EG
AC $/\!\!/$ BF

1️⃣ 右の図の平行四辺形において
BD∥PQ です．このとき △ABP
と面積が等しい三角形をすべて
いいましょう．

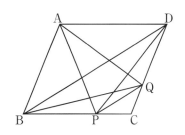

2️⃣ 図のような五角形 ABCDE があります．直線 ℓ に点 F，G をとり，
五角形 ABCDE と面積の等しい△AFG を作図しましょう．

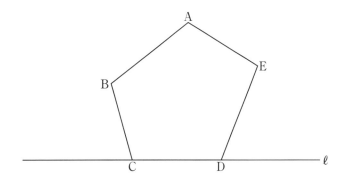

💡 **等積変形**

三角形の面積は，（底辺）×（高さ）÷2 で求めます．
底辺が共通のとき，高さが等しい三角形は，すべて面積が等しくなります．
そのことを利用するために平行線を考えます．このように面積を変えない
で，図形の形を変えることを等積変形といいます．

117

1 右の図で点 E が平行四辺形 ABCD の DA の延長上の点のとき, △EBC と面積が等しい三角形をすべて答えましょう.

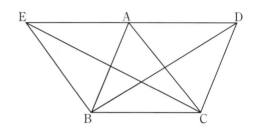

2 平行四辺形の内部の点 P とすると, △ABP と△CDP の面積の和は平行四辺形 ABCD の面積の半分になることを証明しましょう.

> **ヒント** 点 P を通り AB に平行な直線を引くと, △ABP, △CDP と面積が等しい三角形を見つけることができます.

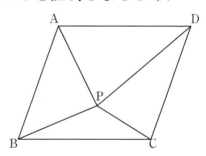

3　右の図は △ABC の辺 BC 上の点 P を通り，△ABC の面積を 2 等分する線分 PQ の作図を示したものです．

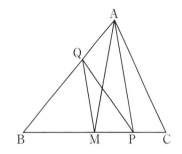

(1)　辺 BC の中点を M とするとき，△QBP＝△ABM となることを説明しましょう．

(2)　AP∥QM となることを説明しましょう．

(3)　点 Q の作図の方法を説明しましょう．

第5章　期末対策

① 右の図で，AB＝AC，DB＝DE です．∠C＝35°
のとき，次の角の大きさを求めましょう．

(1)　∠EAC

(2)　∠BDE

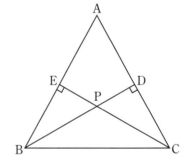

② 右の図のように，AB＝AC である二等辺三角形 ABC の
頂点 B，C から辺 AC，AB に引いた垂線を
それぞれ BD，CE とし，BDとCE の交点を
P とします．このとき，PB＝PC であること
を証明しましょう．

③ 対角線の長さが等しい台形は
平行でない2辺の長さが等しいこ
とを, 次の順に証明しましょう.

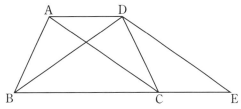

(1) 台形 ABCD において, AD∥BC,
AC＝DB とします. BC の延長上に AD＝CE となる点 E をとると,
四角形 ACED が平行四辺形であることを証明しましょう.

(2) △DBE が二等辺三角形であることを証明しましょう.

(3) AB＝DC であることを証明しましょう.

4　図のように，平行四辺形 ABCD の頂点 A，C から対角線 BD に引いた垂線をそれぞれ AE，CF とします．このとき四角形 AECF は平行四辺形になることを次のそれぞれの定理を用いて証明しましょう．

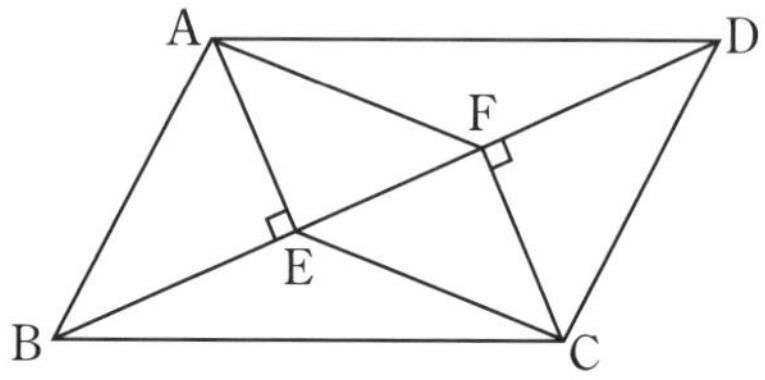

(1)　1 組の対辺が平行で長さが等しい四角形は平行四辺形である．

(2)　対角線がそれぞれの中点で交わる四角形は平行四辺形である．

5 　図のように線分 AB 上に点 C をとり，AC，BC を 1 辺とする正方形 ACDE と正方形 BCFG をつくります.
　このとき，次の問いに答えましょう.

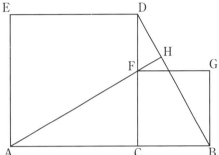

(1)　AF＝BD であることを証明しましょう.

(2)　AF の延長と BD との交点を H とするとき，∠AHB の大きさを求めましょう.

第6章 確 率

確率（1）

あることがらの起こり方の総数を 場合の数 といいます．場合の数を求めるには，もれなく，ダブらず数える必要があります．

そのとき，次のような樹形図や表をかいて数え上げるようにします．

10円硬貨1枚と100円硬貨1枚を投げるとき，表と裏の出方を樹形図で表すと，右のようになり，全部で4通りあることがわかります．

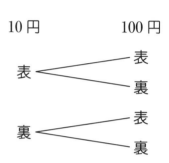

確率の意味

あることがらの起こることが期待される割合を，そのことがらの起こる

確率 といいます．

確率の求め方：

$$（確率）= \frac{（ことがらが起こる場合の数）}{（全体の起こる場合の数）}$$

(1)

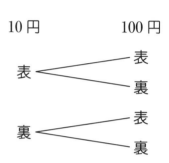

よって 8通り.

(2) 8, 3, $\frac{3}{8}$

124

10円硬貨，50円硬貨，100円硬貨を1枚ずつ同時に投げるとき，次の問いに答えましょう．

(1) 表と裏の出方は何通りあるか，樹形図をかいて求めましょう．表は○，裏は×とします．

解答　　　　（10円）　　（50円）　　（100円）

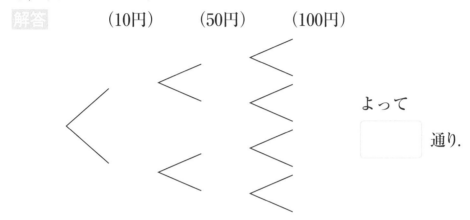

よって

□ 通り．

(2) 表が1枚，裏が2枚が出る確率を求めましょう．

解答　全体の起こる場合の数は □ 通り．表が1枚，裏が2枚

出る場合の数は □ 通り．

よって，その確率は □────── ← このことから起こる確率
　　　　　　　　　　　　　　　　← 全体の起こる確率

💡 **確率の意味**

例えばコイン1枚を投げたとき，表が出る確率は $\frac{1}{2}$ になります．これは，2回に1回表が出るということではなく，回数を増やしたときに投げた回数と表の出る回数の割合を考えると $\frac{1}{2}$ に近づくということを意味しています．

REPEAT

1 1, 2, 3, 4 の 4 個の数字から異なる 3 個を並べて整数をつくるとき,

(1) 整数は何通りできますか.

(2) 一の位が 4 となる確率を求めましょう.

2 A, B, C の 3 人がじゃんけんをするとき,

(1) グー, チョキ, パーの出し方は何通りあるか答えましょう.

(2) あいこになる確率を求めましょう.

3 A, B, C, D の 4 人から 2 人の代表を選ぶとき,

(1) 選び方は何通りありますか.

(2) D が選ばれる確率を求めましょう.

4 A, B, C, D, E の 5 冊の本から 3 冊の本を選ぶとき,

(1) 選び方は何通りありますか.

(2) C, D の 2 冊を含む選び方の確率を求めましょう.

第6章　確　率

確率（2）

　2人が順番にくじを引くとき，先に引いた人と後で引いた人とでは，どちらが当たりやすいか考えます．

　当たりが2本，はずれが2本入っている4本のくじがあります．それをAが先に1本引き，もとに戻さず，続いてBが1本引くとします．

　Aの当たる確率は $\dfrac{2}{4}=\dfrac{1}{2}$

　当たりを ⓐ, ⓑ, はずれを ⓒ, ⓓ とするとAとBのくじの引き方は，右の図のように12通りで，Bが当たりになるのは，図の ①, ④, ⑦, ⑧, ⑩, ⑪ の6通りで，その確率は $\dfrac{6}{12}=\dfrac{1}{2}$

　よって，A，Bの当たりやすさは同じです．

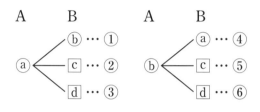

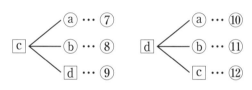

　確率を求めるためには，起こりうるすべての場合の中から，条件をみたす場合が何通りあるかを数え上げて，確率を求めます．

基本問題
答え

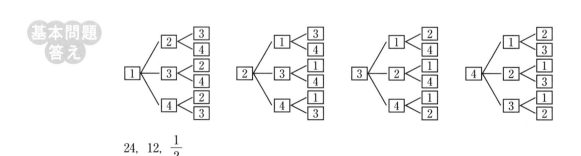

24, 12, $\dfrac{1}{2}$

1, 2, 3, 4 の数字を 1 つずつ記入した 4 枚のカードがあります. このカードをよくきって, 1 枚ずつ 3 回続けてとり出し, とり出した順に左から右に並べます. できた 3 けたの整数が奇数となる確率を求めましょう.

$\boxed{1}$ $\boxed{2}$ $\boxed{3}$ $\boxed{4}$

解答

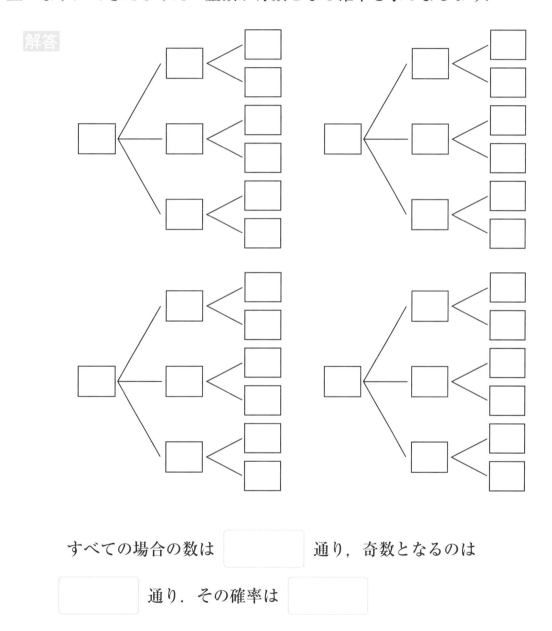

すべての場合の数は ☐ 通り, 奇数となるのは

☐ 通り. その確率は ☐

129

1　5本のうち2本の当たりが入っているくじがあります．そのくじを，Aが先に1本引き，もとに戻さないで続いてBが1本引くとします．

(1)　A，Bの当たる確率をそれぞれ求めましょう．

(2)　A，Bがどちらが当たりやすいといえるか答えましょう．

 1，2，3，5の数字を1つずつ記入した4枚のカードがあります．このカードをよくきって1枚ずつ3回続けてとり出し，とり出した順に左から右に並べてできる3けたの整数をつくります．できた整数が偶数である確率を求めましょう．

第6章　確　率

確率（3）

　2つのさいころを同時に投げるとき，出る目についての確率を考えるときは，2つのさいころに区別をつけて考えます．

　2つのさいころを同時に投げるとき，出る目の和が8になる確率を考えます．

　2つのさいころをA，Bとすると，目の出方は，右の表のように36通りあり，その中で，出る目の和が8になるのは，

$(2,\ 6),\ (3,\ 5),\ (4,\ 4),\ (5,\ 3),\ (6,\ 2)$

の5通りです．求める確率は $\dfrac{5}{36}$ となります．

B\A	1	2	3	4	5	6
1	2	3	4	5	6	7
2	3	4	5	6	7	8
3	4	5	6	7	8	9
4	5	6	7	8	9	10
5	6	7	8	9	10	11
6	7	8	9	10	11	12

　さいころの確率は，表をかいて考えるとよいでしょう．

　全体で，どのような場合があるかを考えるために，表や樹形図を利用して，もれがなく，重複しないようにかき出すことができれば，確率を求めることができます．

基本問題
答え

B\A	1	2	3	4	5	6
1	1	2	3	4	5	6
2	2	4	6	8	10	12
3	3	6	9	12	15	18
4	4	8	12	16	20	24
5	5	10	15	20	25	30
6	6	12	18	24	30	36

(1)　36, 20, $\dfrac{5}{9}$

(2)　36, 15, $\dfrac{5}{12}$

2つのさいころを同時に投げるとき，出る目の積を表にまとめましょう．

A B	1	2	3	4	5	6
1						
2						
3						
4						
5						
6						

(1) 出る目の積が3の倍数になる確率を求めましょう．

すべての場合の数は 　　　　 通り，3の倍数になる場合は

　　　　 通り．よって確率は 　　　　

(2) 出る目の積が6の倍数になる確率を求めましょう．

すべての場合の数は 　　　　 通り，6の倍数になる場合は

　　　　 通り，よって確率は 　　　　

余事象

あることがらが，起こる場合の数と，起こらない場合の数を加えると
起こりうるすべての場合の数になります．このことを利用して，ある
ことがらが起こる場合の数は

　　（すべての場合の数）−（起こらない場合の数）

で考えることもできます．

STEP 28 REPEAT

1 2つのさいころを同時に投げるとき，次の確率を求めましょう．

(1) 出る目の和が4になる確率

(2) 出る目の和が5以上になる確率

ヒント 目の和が4以下の場合の数を調べ，すべての場合の数から引いて，目の和が5以上の場合の数を求めます．

2　2つのさいころを同時に投げるとき，次の確率を求めましょう．

(1)　同じ目が出る確率

(2)　ちがった目が出る確率

ヒント　（ちがった目が出る場合の数）＝（すべての場合の数）－（同じ目が出る場合の数）

■ 　0，1，2，3の数字を1つずつ記入した4枚のカードがあります．このカードから3枚選んで並べてできる3けたの整数はいくつあるか答えましょう．

■ 　男子2人と女子2人の計4人が一列に並ぶとき

(1) 　男女が交互に並ぶような並び方は何通りあるか答えましょう．

(2) 　女子2人がとなり合う並び方は何通りあるか答えましょう．

3　袋の中に，色以外は区別のつかない赤玉3個と白玉1個が入っています．A，B，Cの3人が，この順に玉を1個ずつとり出し，とり出した玉は袋に戻さないものとして，次の確率を求めましょう．

(1)　Aがとり出した玉が赤色である確率

(2)　Bがとり出した玉が赤色である確率

(3)　Cがとり出した玉が赤色である確率

第6章　期末対策

4 　1つのさいころを2回投げるとき，次の確率を求めましょう．

(1)　出る目の差が2になる確率

(2)　少なくとも1回は5以上の目が出る確率

(3)　1回目に出る目が，2回目に出る目の倍数になる確率

5 　3人の子どもがじゃんけんを1回するとき，次の確率を求めましょう．

(1) 　1人だけが勝つ確率

(2) 　2人が勝つ確率

(3) 　あいこになる確率

データのばらつき具合を示すものに箱ひげ図があります.

全データを小さい順に並べて, 4つに等しく分けたときの3つの区切り値を, 小さい方から第1四分位数, 第2四分位数（中央値）, 第3四分位数といいます.

この値と最大値・最小値を加えた5つの値を, 箱と線（ひげ）で表したものが箱ひげ図です.

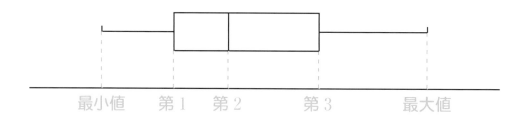

（四分位範囲）＝（第3四分位数）－（第1四分位数）

 基本問題答え

| ① | 11 | ② | 32 | ③ | 15.5 |
| ④ | 18 | ⑤ | 23 | | |

9つのデータ

18, 32, 15, 21, 16, 22, 11, 24, 17

の箱ひげ図をかきましょう.

解答 小さい順に並べると（ ⚪ はその値, │は前後の平均）

11   15 │ 16   17   18   21   22 │ 24   32

最小値は ⬚ⁱ ，最大値は ⬚²

第1四分位数は $\dfrac{15+16}{2}=$ ⬚³

第2四分位数（中央値）は ⬚⁴

第3四分位数は $\dfrac{22+24}{2}=$ ⬚⁵

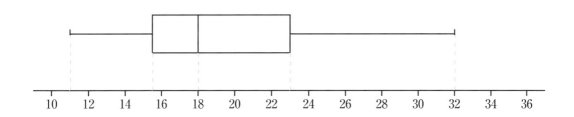

データを4等分したときの値の求め方

⚪ はその値, │は前後の平均

○ │ ○ ○ ○ │ ○
○ ○ ○ │ ○ ○ ○
○ ○ ○ ○ │ ○ ○ ○ ○

1 　次のデータについて，最小値，最大値，第1四分位数，第2四分位数，第3四分位数を求めて，箱ひげ図をかきましょう．また，四分位範囲を求めましょう．

| 23 | 24 | 25 | 26 | 26 | 29 | 30 | 34 | 39 |

最小値 _____　　　最大値 _____

第1四分位数 _____

第2四分位数 _____

第3四分位数 _____

四分位範囲 _____

箱ひげ図

```
        20        25        30        35        40
```

2 5，3，9，6，14，10，3，15，12，2，11，4，8，7，3

のデータの最小値，最大値，第1四分位数，第2四分位数，第3四分位数を求めて，箱ひげ図をかきましょう．また，四分位範囲を求めましょう．

並べ直す

最小値   最大値

第1四分位数

第2四分位数

第3四分位数

四分位範囲

箱ひげ図

```
          0          5          10          15          20
```

著 者　永 冨 武 治（ながとみ・たけはる）

1977年7月16日，奈良県に生まれる．

現在，清風中学校・高等学校教諭．

やさしく学ぶ　数学リピートプリント　中学2年

2013年4月10日　　初版発行
2021年1月20日　　改訂新版発行

著　者　永 冨 武 治
発行者　面 屋 尚 志
企　画　清風堂書店
発　行　フォーラム・A

〒530-0056　　大阪市北区兎我野町15-13
電話　（06）6365-5606
FAX　（06）6365-5607
振替　00970-3-127184

制作編集担当・蒔田　司郎

表紙デザイン・ウエナカデザイン事務所
印刷・㈱関西共同印刷所／製本・高廣製本

やさしく学ぶ **数学** 中学 **2** 年

リピート プリント

解 答

フォーラム・A

REPEAT　解答

第1章　式の計算

【p.6〜7】 step01

1　項　x^2y　　　係数　1
　項　$-2xy$　　　係数　-2
　項　$6xy^2$　　　係数　6
　多項式の次数　3

2　(1)　$(2+4)a+(4-2)b=6a+2b$
　(2)　$(4-6)x+(2+5)y=-2x+7y$
　(3)　$(-4+1)a+(3-5)b=-3a-2b$

3　(1)　$(-3+6)a+(4-2)b=3a+2b$
　(2)　$(6+3)x-7+4=9x-3$
　(3)　$(-4+1)x+(3-5)y=-3x-2y$
　(4)　$\left(\dfrac{1}{3}+\dfrac{1}{6}\right)x+\left(\dfrac{1}{4}+\dfrac{1}{12}\right)y=\dfrac{1}{2}x+\dfrac{1}{3}y$
　(5)　$a^2+(-3-2)a+2-3=a^2-5a-1$

【p.10〜11】 step02

1　(1)　$3a-2b-5a=-2a-2b$
　(2)　$7x-5-x+12=6x+7$
　(3)　$5x-4y+3x+7y=8x+3y$
　(4)　$-3a+4b+5+2a-3b=-a+b+5$
　(5)　$2x^2-3x-7+5-2x+3x^2$
　　　$=5x^2-5x-2$

2　(1)　$6a-4b+b=6a-3b$
　(2)　$5x+3-2x+8=3x+11$
　(3)　$x+3y-2x+5y=-x+8y$
　(4)　$\dfrac{a}{3}+\dfrac{b}{2}-\dfrac{a}{4}+\dfrac{2}{3}b$
　　　$=\left(\dfrac{1}{3}-\dfrac{1}{4}\right)a+\left(\dfrac{1}{2}+\dfrac{2}{3}\right)b=\dfrac{1}{12}a+\dfrac{7}{6}b$
　(5)　$2a^2-5a+3+3a^2-1+3a$
　　　$=5a^2-2a+2$

【p.14〜15】 step03

1　(1)　$-8xy$　　　　(2)　$-9ab$
　(3)　$84ab$　　　　(4)　$-12x^3$
　(5)　$3a$　　　　　(6)　$8a^2$
　(7)　$-3x$　　　　(8)　$-2a$

2　(1)　$-12x+6y-4$　(2)　$2a-3b+1$

---

　(3)　$-\dfrac{2}{3}x^2+\dfrac{3}{2}x$　　(4)　$-3x+7y$
　(5)　$20x-8y-6x+3y$
　　　$=14x-5y$

【p.18〜19】 step04

1　(1)　$3\times(-4)+5\times(-6)=-12-30=-42$
　(2)　$3\times(-4)\times(-6)=72$
　(3)　$-8ab$ となるので
　　　$-8\times(-4)\times(-6)=-192$
　(4)　$\dfrac{6a}{b}$ となるので
　　　　$\dfrac{6}{(-6)}\times(-4)=4$
　(5)　$2\times(-4)^2\times(-6)+4\times(-4)\times(-6)$
　　　$=-192+96=-96$

2　$5(4a-b)-3(2a-3b)$
　$=20a-5b-6a+9b$
　$=14a+4b$
　　$14\times(-2)+4\times(-3)=-28-12=-40$

3　$\dfrac{3}{4}(8x+12y)-8\left(\dfrac{1}{4}x+y\right)$
　$=6x+9y-2x-8y$
　$=4x+y$
　　$4\times(-2)+4=-8+4=-4$

4　$2(5x-6y)-3(2x+5y)$
　$=10x-12y-6x-15y$
　$=4x-27y$
　　$4\times(-6)-27\times\dfrac{2}{3}=-24-18=-42$

【p.22〜23】 step05

1　百の位の数字を a，十の位の数字を b，
　一の位の数字を c とします．a，b，c は整
　数とします．
　　$100a+10b+c-(100c+10b+a)$
　$=100a+10b+c-100c-10b-a$
　$=99a-99c$
　$=99(a-c)$
　　$a-c$ は整数なので，与式は 99 の倍数に
　なります．

2　連続する3つの偶数を $2n$，$2n+2$，
　$2n+4$ とおきます．n は自然数とします．
　　$2n+(2n+2)+(2n+4)$
　$=6n+6$
　$=6(n+1)$

$n+1$ は整数なので，与式は 6 の倍数に
なります．

③ (1) $a=3b$

(2) $12b=4a$　　　よって　$b=\dfrac{1}{3}a$

(3) $2x=6y+12$　　　よって　$x=3y+6$

(4) $-6y=-2x+12$　　よって　$y=\dfrac{1}{3}x-2$

(5) $\dfrac{1}{2}(a+b)h=S,$　　$a+b=\dfrac{2S}{h}$

　　　よって　$a=\dfrac{2S}{h}-b$

【p.24〜27】　第 1 章　期末対策

① (1) $4x-5y+2x+5y=6x$

(2) $4x^2-2x+5-2x^2+7x-3$
$=2x^2+5x+2$

(3) $8m^2-1-7m-2+4m-6m^2$
$=2m^2-3m-3$

(4) $6x-12y+6x+12y=12x$

(5) $-15x^2y$

(6) $\dfrac{5\times6\times5}{24\times25\times3}\times\dfrac{ab\times a^2b}{a^2b^2}=\dfrac{1}{12}a$

② (1) $4\times2-5\times(-3)=8+15=23$

(2) $2(x-2y)-3(2x-y)$
$=2x-4y-6x+3y$
$=-4x-y$　となるので
$-4\times2-(-3)=-8+3=-5$

③ (1) $3(x+3y)-\dfrac{1}{3}(4x-9y)$

$=3x+9y-\dfrac{4}{3}x+3y$

$=\dfrac{5}{3}x+12y$　となるので

$\dfrac{5}{3}\times(-3)+12\times\dfrac{1}{2}=-5+6=1$

(2) $12x^3y\times(-6y)\div8xy$

$=-\dfrac{12\times6}{8}\times\dfrac{x^3y\times y}{xy}$

$=-9x^2y$　となるので

$-9\times(-3)^2\times\dfrac{1}{2}=-9\times9\times\dfrac{1}{2}=-\dfrac{81}{2}$

④ (1) $3x=8y+12$　　よって　$x=\dfrac{8}{3}y+4$

(2) $-8y=-3x+12$

　　　よって　$y=\dfrac{3}{8}x-\dfrac{3}{2}$

(3) $2(a+\pi r)=\ell,$　　$a+\pi r=\dfrac{\ell}{2}$

　　　よって　$a=\dfrac{\ell}{2}-\pi r$

(4) $\dfrac{a+b+c}{3}=m,$　　$a+b+c=3m$

　　　よって　$a=3m-b-c$

⑤ (1) $V=3\times3\times h=9h$　(cm^3)
$S=3\times3\times2+3\times h\times4$
$=12h+18$　(cm^2)

(2) $9h=V$　　よって　$h=\dfrac{V}{9}$

$12h+18=S,$　　$12h=S-18$

　　　よって　$h=\dfrac{S}{12}-\dfrac{3}{2}$

⑥　N の百の位の数字を a，十の位の数字
を b，一の位の数字を c とします．
各位の数字の和が 9 の倍数なので
$a+b+c=9n$　（n は自然数）とおくと
$c=9n-a-b$ ……①
ここで，3 けたの整数 N は，①を用いて
$100a+10b+c$
$=100a+10b+(9n-a-b)$
$=99a+9b+9n$
$=9\times(11a+b+n)$
　$11a+b+n$ は整数なので，N は 9 の倍
数になります．

第 2 章　連立方程式

【p.30〜31】　step06

① 連立方程式を成り立たせる値の組をさが
します．

(1) ㋑　　(2) ㋒　　(3) ㋐

② (1) ㋒　　(2) ㋐　　(3) ㋑

【p.34〜35】　step07

① (1) ①を②に代入して
$7x-9(11-2x)=1$
$7x-99+18x=1$
$25x=100$　　よって　$x=4$
$x=4$ を①に代入して
$y=11-8=3$

$\begin{cases} x=4 \\ y=3 \end{cases}$

(2) ② より　$y=2x-8$　……③

③ を ① に代入して

$3x+2(2x-8)=5$

$3x+4x-16=5$

$7x=21$　よって　$x=3$

$x=3$ を ③ に代入して

$y=6-8=-2$

$\begin{cases} x=3 \\ y=-2 \end{cases}$

(3) ① より　$y=-3x+1$　……③

③ を ② に代入して

$5x+3(-3x+1)=15$

$5x-9x+3=15$

$-4x=12$　よって　$x=-3$

$x=-3$ を ③ に代入して

$y=-3\times(-3)+1=9+1=10$

$\begin{cases} x=-3 \\ y=10 \end{cases}$

② (1) ②－① より

$4x=20$　よって　$x=5$

$x=5$ を ① に代入して

$10+3y=4$

$3y=-6$　よって　$y=-2$

$\begin{cases} x=5 \\ y=-2 \end{cases}$

(2) ①＋② より

$5y=15$　よって　$y=3$

$y=3$ を ① に代入して

$3x+3=9$

$3x=6$　よって　$x=2$

$\begin{cases} x=2 \\ y=3 \end{cases}$

(3) ① を 2 倍して

$6x+2y=-14$　……③

③－② より

$5x=-15$　よって　$x=-3$

$x=-3$ を ② に代入して

$-3+2y=1$

$2y=4$　よって　$y=2$

$\begin{cases} x=-3 \\ y=2 \end{cases}$

【p.38～39】　step08

① (1)　①×10　$y=3x-1$　……③

②×10　$x-2y=12$　……④

③ を ④ に代入して

$x-2(3x-1)=12$

$x-6x+2=12$

$-5x=10$　よって　$x=-2$

$x=-2$ を ③ に代入して

$y=-6-1=-7$

$\begin{cases} x=-2 \\ y=-7 \end{cases}$

(2)　②×6　$2(x-1)-3(y+1)=12$

$2x-2-3y-3=12$

$2x-3y=17$　……③

①－③ より

$3x=-24$　よって　$x=-8$

$x=-8$ を ③ に代入して

$-16-3y=17$

$-3y=33$　よって　$y=-11$

$\begin{cases} x=-8 \\ y=-11 \end{cases}$

(3)　②×6　$2x+3y=12$　……③

① を ③ に代入して

$2x+2x=12$

$4x=12$　よって　$x=3$

$x=3$ を ① に代入して

$6=3y$　よって　$y=2$

$\begin{cases} x=3 \\ y=2 \end{cases}$

② (1)　①×10　$7x+2(x+y)=8$

$7x+2x+2y=8$

$9x+2y=8$　……③

②×10　$3x+4(x-2y)=54$

$3x+4x-8y=54$

$7x-8y=54$　……④

③×4＋④ より

$(36+7)x=32+54$

$43x=86$　よって　$x=2$

$x=2$ を ③ に代入して

$18+2y=8$

$2y=-10$　よって　$y=-5$

$\begin{cases} x=2 \\ y=-5 \end{cases}$

(2)　①×6　$3(3x-1)+2(x-2y)=-6$

$9x-3+2x-4y=-6$

$$11x - 4y = -3 \quad \cdots\cdots ③$$
$$②\times 10 \quad 3x - 4(y-2) = 13$$
$$3x - 4y + 8 = 13$$
$$3x - 4y = 5 \quad \cdots\cdots ④$$
③$-$④ より
$$8x = -8 \quad よって \quad x = -1$$
$x = -1$ を ④ に代入して
$$-3 - 4y = 5$$
$$-4y = 8 \quad よって \quad y = -2$$
$$\begin{cases} x = -1 \\ y = 2 \end{cases}$$

【p.42 ～ 43】　step09

[1]　えんぴつ1本の値段を x 円，ノート1冊の値段を y 円とします．
$$\begin{cases} 3x + 5y = 930 \quad \cdots\cdots ① \\ 12x + 3y = 1170 \quad \cdots\cdots ② \end{cases}$$
①$\times 4 -$② より
$$(20 - 3)y = 3720 - 1170$$
$$17y = 2550 \quad よって \quad y = 150$$
$y = 150$ を ① に代入して
$$3x + 750 = 930$$
$$3x = 180 \quad よって \quad x = 60$$
$$\begin{cases} x = 60 \\ y = 150 \end{cases}$$
えんぴつ1本60円，ノート1冊150円

[2]　峠をPとして，AP を x km，PB を y km とします．
$$\begin{cases} \dfrac{x}{3} + \dfrac{y}{6} = 3.5 \quad \cdots\cdots ① \\ \dfrac{x}{6} + \dfrac{y}{3} = 4 \quad \cdots\cdots ② \end{cases}$$
①$\times 6 \quad 2x + y = 21 \quad \cdots\cdots ③$
②$\times 6 \quad x + 2y = 24 \quad \cdots\cdots ④$
③$\times 2 -$④ より
$$3x = 18 \quad よって \quad x = 6$$
$x = 6$ を ③ に代入して
$$12 + y = 21 \quad よって \quad y = 9$$
$$\begin{cases} x = 6 \\ y = 9 \end{cases}$$
A村からB村まで　$6 + 9 = 15$ （km）

[3]　兄，弟のはじめの所持金を x 円，y 円とします．
$$x : y = 5 : 3 \quad よって \quad 3x = 5y$$
$$(x - 1500) : (y - 1500) = 15 : 7$$
$$7(x - 1500) = 15(y - 1500)$$

$$7x - 10500 = 15y - 22500$$
よって　$7x - 15y = -12000$
$$\begin{cases} 3x = 5y \quad \cdots\cdots ① \\ 7x - 15y = -12000 \quad \cdots\cdots ② \end{cases}$$
① を ② 代入して
$$7x - 3 \times 3x = -12000$$
$$-2x = -12000 \quad よって \quad x = 6000$$
$x = 6000$ を ① に代入して
$$18000 = 5y \quad よって \quad y = 3600$$
兄6000円，弟3600円

[4]　もとの整数を $10a + b$ とおきます．
十の位の数字の2倍は，一の位の数字より3大きいから　$2a - b = 3$
また，十の位と一の位を入れかえた整数は，もとの整数の2倍より36小さいから
$$10b + a = 2(10a + b) - 36$$
$$10b + a = 20a + 2b - 36$$
よって　$19a - 8b = 36$
$$\begin{cases} 2a - b = 3 \quad \cdots\cdots ① \\ 19a - 8b = 36 \quad \cdots\cdots ② \end{cases}$$
① より　$b = 2a - 3 \quad \cdots\cdots ③$
③ を ② に代入して
$$19a - 8(2a - 3) = 36$$
$$19a - 16a + 24 = 36$$
$$3a = 12 \quad よって \quad a = 4$$
$a = 4$ を ③ に代入して
$$b = 8 - 3 = 5$$
$$\begin{cases} a = 4 \\ b = 5 \end{cases}$$
もとの整数は45

【p.44 ～ 47】　第2章　期末対策

[1]　x，y の値の組が　$3x - 2y = 14$ を成り立たせるものをさがす．
　　㋐，㋒

[2]　(1)　① を ② に代入して
$$4x + 3x + 1 = -6$$
$$7x = -7 \quad よって \quad x = -1$$
$x = -1$ を ① に代入して
$$y = -3 + 1 = -2$$
$$\begin{cases} x = -1 \\ y = -2 \end{cases}$$
　　(2)　①$-$② より
$$2y = 8 \quad よって \quad y = 4$$
$y = 4$ を ② に代入して

5

$2x+12=14$

$2x=2$ よって $x=1$

$$\begin{cases} x=1 \\ y=4 \end{cases}$$

(3) ①－②×3 より

$(-5-9)y=-3-39$

$-14y=-42$ よって $y=3$

$y=3$ を②に代入して

$2x+9=13$

$2x=4$ よって $x=2$

$$\begin{cases} x=2 \\ y=3 \end{cases}$$

③ (1) ②より $y=-3x+1$ ……③

③を①に代入して

$x+5(-3x+1)=19$

$x-15x+5=19$

$-14x=14$ よって $x=-1$

$x=-1$ を③に代入して

$y=3+1=4$

$$\begin{cases} x=-1 \\ y=4 \end{cases}$$

(2) ①×2＋② より

$(6+7)x=44+8$

$13x=52$ よって $x=4$

$x=4$ を②に代入して

$28+4y=8$

$4y=-20$ よって $y=-5$

$$\begin{cases} x=4 \\ y=-5 \end{cases}$$

(3) ①－② より

$4x=16$ よって $x=4$

$x=4$ を②に代入して

$12-2y=14$

$-2y=2$ よって $y=-1$

$$\begin{cases} x=4 \\ y=-1 \end{cases}$$

④ (1) ①×10 $3x-2y=6$ ……③

②×10 $4x+3y=25$ ……④

③×3＋④×2 より

$(9+8)x=18+50$

$17x=68$ よって $x=4$

$x=4$ を④に代入して

$16+3y=25$

$3y=9$ よって $y=3$

$$\begin{cases} x=4 \\ y=3 \end{cases}$$

(2) ②×12 $3x+4y=5$ ……③

①－③ より

$-5y=5$ よって $y=-1$

$y=-1$ を③に代入して

$3x-4=5$

$3x=9$ よって $x=3$

$$\begin{cases} x=3 \\ y=-1 \end{cases}$$

(3) ①より $2x=5y$ ……③

③を②に代入して

$3x-2x=15$ よって $x=15$

$x=15$ を③に代入して

$30=5y$ よって $y=6$

$$\begin{cases} x=15 \\ y=6 \end{cases}$$

⑤ 7％の食塩水を x g，12％の食塩水を y g 加えたとすると $x+y=800$

食塩量に注目すると

$0.05\times200+0.07x+0.12y=0.09\times1000$

$10+0.07x+0.12y=90$

$0.07x+0.12y=80$

両辺を100倍して

$7x+12y=8000$

$$\begin{cases} x+y=800 & ……① \\ 7x+12y=8000 & ……② \end{cases}$$

②－①×7 より

$(12-7)y=8000-5600$

$5y=2400$ よって $y=480$

$y=480$ を①に代入して

$x+480=800$ よって $x=320$

$$\begin{cases} x=320 \\ y=480 \end{cases}$$

7％の食塩水を320g，12％の食塩水 480gを加えます．

⑥ AC間の道のりを x m，CB間の道のりを y mとします．

$$\begin{cases} x+y=20000 & ……① \\ \dfrac{x}{400}+\dfrac{y}{200}=60 & ……② \end{cases}$$

②×400 $x+2y=24000$ ……③

③－① より $y=4000$

$y=4000$ を①に代入して

$x+4000=20000$ よって $x=16000$

$$\begin{cases} x=16000 \\ y=4000 \end{cases}$$

AC 間 16000 m，CB 間 4000 m

第3章　1次関数

【p.50〜51】 step10

1. (1) いえる
   (2) いえない
   (3) いえる
2. (1) いえる　　(2) いえる
   (3) いえない　(4) いえる
   (5) いえない　(6) いえる
3. (1) $y = 1000 - 60x$　1次関数といえる
   (2) $\dfrac{1}{2}xy = 20$　　1次関数といえない
   (3) $y = 10 - 0.4x$　1次関数といえる
   (4) $y = 30 - \dfrac{x}{2} \times 0.1$
   $y = 30 - \dfrac{x}{20}$　1次関数といえる

【p.54〜55】 step11

1. (1) $x = 5$ のとき　$y = 20 - 3 = 17$
   $x = 8$ のとき　$y = 32 - 3 = 29$
   $\dfrac{29 - 17}{8 - 5} = \dfrac{12}{3} = 4$
   (2) $x = -1$ のとき　$y = -4 - 3 = -7$
   $x = 2$ のとき　　$y = 8 - 3 = 5$
   $\dfrac{5 - (-7)}{2 - (-1)} = \dfrac{12}{3} = 4$
   (3) $x = a$ のとき　　　$y = 4a - 3$
   $x = a + 3$ のとき　$y = 4(a+3) - 3$
   　　　　　　　　　　　$= 4a + 9$
   $\dfrac{4a + 9 - (4a - 3)}{a + 3 - a} = \dfrac{12}{3} = 4$

2.

x	-3	-2	-1	0	1	2	3
y	-5	-3	-1	1	3	5	7

3. (1) $y = -2 \times 4 + 1 = -8 + 1 = -7$
   　　　点 $(4, \ -7)$
   (2) $5 = -2x + 1$
   　　$-2x + 1 = 5$
   　　$-2x = 4$　　よって　$x = -2$
   　　　点 $(-2, \ 5)$
   (3) 傾き -2
   (4) 切片 $(0, \ 1)$

【p. 58〜59】 step12

1.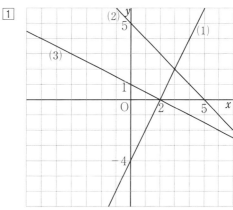

2.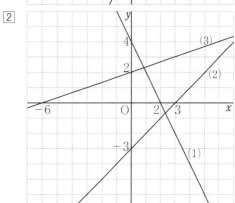

【p.62〜63】 step13

1. (1) $y = -\dfrac{1}{2}x + 2$
   (2) $y = \dfrac{2}{3}x + b$ とおく.
   　　点 $(2, \ 3)$ を通るから
   　　$3 = \dfrac{2}{3} \times 2 + b$
   　　$\dfrac{4}{3} + b = 3$　　よって　$b = \dfrac{5}{3}$
   　　ゆえに　$y = \dfrac{2}{3}x + \dfrac{5}{3}$
   (3) $y = ax - 3$ とおく.
   　　点 $(2, \ 0)$ を通るから
   　　$0 = 2a - 3$　　よって　$a = \dfrac{3}{2}$
   　　ゆえに　$y = \dfrac{3}{2}x - 3$
   (4) $y = \dfrac{3}{4}x + b$ とおく.
   　　点 $(8, \ 2)$ を通るから
   　　$2 = 6 + b$　　よって　$b = -4$

ゆえに $y=\dfrac{3}{4}x-4$

② (1) $y=ax+b$ とおく.
　　点 $(0,\ -2)$ を通るから
　　$-2=b$　よって　$b=-2$
　　点 $(3,\ 0)$ 通るから
　　$0=3a+b$　　$b=-2$ を代入して
　　$0=3a-2$　よって　$a=\dfrac{2}{3}$

　　ゆえに　$y=\dfrac{2}{3}x-2$

(2) $y=ax+b$ とおく.
　　点 $(-1,\ 1)$ を通るから
　　$1=-a+b$　……①
　　点 $(1,\ 5)$ を通るから
　　$5=a+b$　……②
　　①＋② より　$6=2b$
　　よって　$b=3$
　　$b=3$ を②に代入して
　　$5=a+3$　よって　$a=2$
　　ゆえに　$y=2x+3$

(3) $y=ax+b$ とおく.
　　点 $(1,\ -3)$ を通るから
　　$-3=a+b$　……①
　　点 $(2,\ -1)$ を通るから
　　$-1=2a+b$　……②
　　②－① より　$2=a$
　　$a=2$ を①に代入して
　　$-3=2+b$　よって　$b=-5$
　　ゆえに　$y=2x-5$

(4) $y=ax+b$ とおく.
　　点 $(2,\ -5)$ を通るから
　　$-5=2a+b$　……①
　　点 $(5,\ 1)$ を通るから
　　$1=5a+b$　……②
　　②－① より　$6=3a$
　　よって　$a=2$
　　$a=2$ を①に代入して
　　$-5=4+b$　よって　$b=-9$
　　ゆえに　$y=2x-9$

【p.66〜67】step14

① (1)
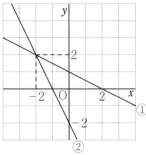
$\begin{cases} x=-2 \\ y=2 \end{cases}$

(2)
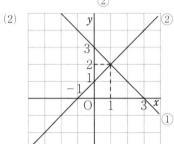
$\begin{cases} x=1 \\ y=2 \end{cases}$

② (1) $\begin{cases} y=2x-1 & ……① \\ y=-x+4 & ……② \end{cases}$

　　①，② より y を消去すると
　　$2x-1=-x+4$
　　$3x=5$　よって　$x=\dfrac{5}{3}$

　　$x=\dfrac{5}{3}$ を①に代入して
　　$y=\dfrac{10}{3}-1=\dfrac{7}{3}$
　　$\begin{cases} x=\dfrac{5}{3} \\ y=\dfrac{7}{3} \end{cases}$

　　交点の座標 $\left(\dfrac{5}{3},\ \dfrac{7}{3}\right)$

(2) $\begin{cases} x+2y=4 & ……① \\ x-y=-2 & ……② \end{cases}$
　　①－② より
　　$3y=6$　よって　$y=2$
　　$y=2$ を②に代入して
　　$x-2=-2$　よって　$x=0$
　　$\begin{cases} x=0 \\ y=2 \end{cases}$
　　交点の座標 $(0,\ 2)$

(3) $\begin{cases} x+2y=2 & ……① \\ y=-3 & ……② \end{cases}$
　　②を①に代入して
　　$x-6=2$　よって　$x=8$

$$\begin{cases} x = 8 \\ y = -3 \end{cases}$$

交点の座標 （8, −3）

【p.70〜71】　step15

1　弟は （0, 0）, （60, 4000） を通るので傾き $\dfrac{4000}{60} = \dfrac{200}{3}$

よって　$y = \dfrac{200}{3}x$　　　……①

兄は （0, 4000）, （40, 0） を通るので

傾き　$-\dfrac{4000}{40} = -100$

よって　$y = -100x + 4000$　……②

①, ② の交点を求めます.

$\dfrac{200}{3}x = -100x + 4000$

$\dfrac{500}{3}x = 4000$

よって　$x = 4000 \times \dfrac{3}{500} = 24$

$x = 24$ を①に代入して

$y = \dfrac{200}{3} \times 24 = 1600$

家から 1600m のところで出会う.

2　(1)　$y = ax + b$ とおく.

$x = 25$, $y = 65$ を代入して

$65 = 25a + b$　　　……①

$x = 100$, $y = 110$ を代入して

$110 = 100a + b$　……②

②−① より

$45 = 75a$　　よって　$a = \dfrac{45}{75} = \dfrac{3}{5}$

$a = \dfrac{3}{5}$ を①に代入して

$65 = 15 + b$　　よって　$b = 50$

ゆえに　$y = \dfrac{3}{5}x + 50$

(2)　$y = \dfrac{3}{5} \times 80 + 50 = 48 + 50 = 98$

98mm

(3)　$83 = \dfrac{3}{5}x + 50$

$\dfrac{3}{5}x = 33$　　よって　$x = 55$

55g

【p.72〜75】　第3章　期末対策

1　(1)　$y = -2 \times 4 + 5 = -8 + 5 = -3$

(2)　-2

(3)　$-2 \times 6 = -12$

(4)　傾き -2, 切片 5

2　(1)　$y = -2x + 4$

(2)　$y = 3x + b$ とおく.

点 （3, 7） を通るから

$7 = 9 + b$　　よって　$b = -2$

ゆえに　$y = 3x - 2$

(3)　$y = ax + b$ とおく.

点 （−3, 2） を通るから

$2 = -3a + b$　……①

点 （9, 10） を通るから

$10 = 9a + b$　……②

②−① より

$8 = 12a$　　よって　$a = \dfrac{2}{3}$

$a = \dfrac{2}{3}$ を①に代入して

$2 = -2 + b$　　よって　$b = 4$

ゆえに　$y = \dfrac{2}{3}x + 4$

3　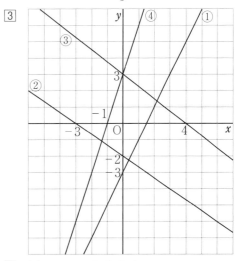

4　(1)　$y = ax + b$ とおく.

点 A(3, 4) を通るから

$4 = 3a + b$　……①

点 B(−1, 2) を通るから

$2 = -a + b$　……②

①−② より

$2 = 4a$　　よって　$a = \dfrac{1}{2}$

$a = \dfrac{1}{2}$ を②に代入して

$$2 = -\frac{1}{2} + b \qquad \text{よって} \quad b = \frac{5}{2}$$

$$\text{ゆえに} \quad y = \frac{1}{2}x + \frac{5}{2}$$

(2) $(c,\ 1)$ が $y = \frac{1}{2}x + \frac{5}{2}$ 上にあるか

ら $\quad 1 = \frac{1}{2}c + \frac{5}{2}$

$$\frac{1}{2}c = -\frac{3}{2} \qquad \text{よって} \quad c = -3$$

5 (1) $\begin{cases} y = -x + 1 & \cdots\cdots ① \\ y = \frac{3}{2}x - 4 & \cdots\cdots ② \end{cases}$

(2) $\begin{cases} x = 2 \\ y = -1 \end{cases}$

6 (1) $y = ax + b$ とおく.

$x = 150,\ y = 125$ を代入して

$125 = 150a + b \quad \cdots\cdots ①$

$x = 300,\ y = 185$ を代入して

$185 = 300a + b \quad \cdots\cdots ②$

②－① より

$$60 = 150a \qquad \text{よって} \quad a = \frac{2}{5}$$

$a = \frac{2}{5}$ を ① に代入して

$125 = 60 + b \qquad \text{よって} \quad b = 65$

$$\text{ゆえに} \quad y = \frac{2}{5}x + 65$$

(2) $y = \frac{2}{5} \times 100 + 65 = 40 + 65 = 105$

$$105\text{g}$$

(3) $100 = \frac{2}{5}x + 65$

$$\frac{2}{5}x = 35 \qquad \text{よって} \quad x = \frac{175}{2}$$

$$\frac{175}{2}\ \text{cm}^3$$

第4章　図形の性質と調べ方

【p.78〜79】step16

1 (1) $\angle x = 65°$

(2) $\angle x = 140° - 65° = 75°$

(3) $\angle x + 20° = 75°$

よって $\angle x = 75° - 20° = 55°$

2 $\ell /\!/ m$ なので $\angle a = \angle b$

$m /\!/ n$ なので $\angle b = \angle c$

$\angle a = \angle c$ なので $\ell /\!/ n$

3 対頂角は等しいので，求める角の和は

$180°$

4 $\angle x = 180° - (55° + 65°) = 60°$

$\angle y = 180° - 65° = 115°$

5 $45° + 25° = 70°$

$\angle x = 360° - 70° = 290°$

$\angle y = 180° - (40° + 55°) = 85°$

【p.82〜83】step17

1 (1) $\angle x = 180° - (40° + 65°) = 75°$

(2) $\angle y = 40° + 35° = 75°$

$\angle x = 180° - (75° + 55°) = 50°$

(3) $\angle y = 50° + 25° = 75°$

$\angle x = 180° - (75° + 65°) = 40°$

2 (1) $180° - 110° = 70°$

$\angle x + 70° = 135°$

よって $\angle x = 135° - 70° = 65°$

(2) $\angle x = 180° - (60° + 85°) = 35°$

$\angle y + 15° = 85°$

よって $\angle y = 85° - 15° = 70°$

(3) $\angle x = 55° + 45° = 100°$

$\angle x = 100° = \angle y + 30°$

よって $\angle y = 70°$

【p.86〜87】　step18

1 $180° \times (8 - 2) = 1080°$

$180° \times 8 - 180° \times (8 - 2) = 360°$

2 n 角形とすると

$180 \times (n - 2) = 900$

$n - 2 = 5$ よって $n = 7$

七角形

3 (1) 六角形の内角の和は $720°$

$\angle x = 720° - (115° + 130° + 110° + 125° + 120°)$

$= 120°$

(2) 右の図のように $\angle a,\ \angle b$ を定める.

$\angle x = 180° - (\angle a + \angle b)$

また，大きな三角形の

内角の和から

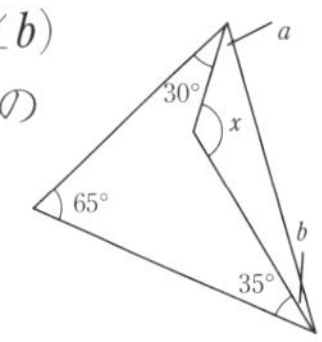

$65° + 35° + 30°$

$+ (\angle a + \angle b) = 180°$

$\angle a + \angle b = 180° - 130°$

$= 50°$

よって $\angle x = 180° - 50° = 130°$

4 外角の和は 360°，1つの外角は
$360° \div 12 = 30°$，$180° - 30° = 150°$
1つの内角は　150°

5 n 角形とすると
$180 \times (n-2) = 1620$
$n - 2 = 9$　よって　$n = 11$
11角形

6 (1) $\angle x = 720° - (95° + 120° + 130°$
$+ 110° + 120°)$
$= 145°$

(2) 右の図のように $\angle a$，$\angle b$ を定める．
$\angle a + \angle b + 75° = 180°$
$\angle a + \angle b = 105°$
$\angle x = 360°$
$- (95° + 40°$
$+ 50° + 105°)$
$= 70°$

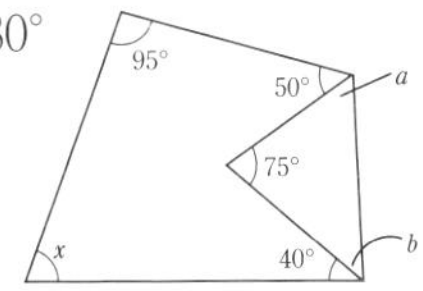

【p.90〜91】 step19

1 (1) 四角形ABCD ≡ 四角形FEHG
(2) 105°
(3) 3cm

2 △ABC ≡ △IHG（2辺とその間の角がそれぞれ等しい）
△DEF ≡ △LKJ（3辺がそれぞれ等しい）
△MNO ≡ △PRQ（1辺とその両端の角がそれぞれ等しい）

3 (1) 四角形ABCD ≡ 四角形EFGH
(2) 辺EH
(3) ∠ADC
(4) 対角線EG

4 (1) 2辺とその間の角がそれぞれ等しい
(2) 3辺がそれぞれ等しい
(3) 1辺とその両端の角がそれぞれ等しい

【p.94〜95】 step20

1 (1) 仮定：$\ell /\!/ m$，$m /\!/ n$
結論：$\ell /\!/ n$
(2) 仮定：$a = b$，$c = d$
結論：$a + c = b + d$
(3) 仮定：偶数
結論：2乗したものは偶数

2 △MAC と △MBD において
MA = MB，MC = MD

∠AMC = ∠BMD（対頂角）
ゆえに　△MAC ≡ △MBD
∠ACM = ∠BDM より　AC /\!/ DB

3 (1) △OAB と △ODC において
AO = OD
∠AOB = ∠DOC（対頂角）
AB /\!/ CD より　∠BAO = ∠CDO
ゆえに　△OAB ≡ △ODC
よって　AB = CD

(2) △OAC と △ODB おいて
AO = DO
∠AOC = ∠DOB（対頂角）
AB /\!/ CD より　∠OCA = ∠OBD
よって　∠CAO = ∠BDO
ゆえに　△OAC ≡ △ODB
よって　AC = BD

【p.96〜99】　第4章　期末対策

1 (1) $\angle x = 180° - (50° + 43° + 30°) = 57°$
(2) $\angle x = 180° - 60° = 120°$
(3) $\angle x + 42° = 90°$ より　$\angle x = 48°$
(4) $180° - 150° = 30°$
$30° + \angle x = 80°$　よって　$\angle x = 50°$
(5) $\angle x = 30° + (40° - 25°) = 45°$
(6) $\angle x = 50° + 70° = 120°$

2 (1) $\angle x = 180° - (85° + 55°) = 40°$
(2) $\angle x = 75° - 35° = 40°$
(3) $25° + 40° = 65°$
$\angle x = 180° - (65° + 65°) = 50°$
(4) $\angle x = 45° + 40° = 85°$
(5) $\angle x = 540° - (95° + 110° + 115° + 100°)$
$= 120°$
(6) 右の図のように $\angle a$，$\angle b$ を定める．
$\angle x = 180° - (\angle a + \angle b)$
$60° + 30° + 40° + (\angle a + \angle b) = 180°$
$\angle a + \angle b = 50°$
$\angle x = 180° - 50°$
$= 130°$

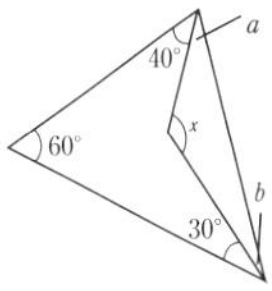

3 (1) 仮定：AB /\!/ CD，∠AEF，∠EFD
の二等分線上にP，Qをとる
結論：PE /\!/ FQ

(2) ∠AEF = ∠DFE
∠PEF，∠QFEは二等分線なので
等しくなり　∠PEF = ∠QFE

11

ゆえに　PE∥FQ

4　合同なもの　㋐，㋑，㋓

5　△ABC と △ADE において
　　AB＝AD，∠ABC＝∠ADE
　　∠CAB＝∠EAD（共通）
　　ゆえに　△ABC≡△ADE
　　よって　AC＝AE

6　△MDA と △MCE において
　　MD＝MC，∠AMD＝∠EMC（対頂角）
　　AD∥BE より　∠MDA＝∠MCE
　　ゆえに　MDA≡△MCE
　　よって　AM＝ME

第5章　三角形・四角形

【p.102〜103】step21

1　(1)　∠x＝75°，∠y＝30°
　　(2)　∠x＝60°，∠y＝60°
　　(3)　∠x＝40°，∠y＝70°
　　(4)　∠x＝105°，∠y＝50°

2　∠BAC＝∠x とする．
　　∠ECD＝∠EAD＝∠x
　　二等辺三角形なので
　　∠ABC＝∠x＋15°
　　三角形の内角の和から
　　∠x＋2（∠x＋15°）＝180°
　　3∠x＝150°　よって　∠x＝50°
　　ゆえに　∠B＝50°＋15°＝65°

3　∠APR＝∠APQ＋∠QPR
　　　　　＝x＋60°
　　AB∥CD より
　　∠APR＝∠PRD＝y
　　よって　y＝x＋60°

4　(1)　△ADC と △ABE において
　　　　AD＝AB，AC＝AE
　　　　∠DAC＝60°＋∠BAC＝∠BAE
　　　　2辺とその間の角がそれぞれ等しく
　　　　△ADC≡△ABE
　　　　よって　DC＝BE
　　(2)　∠BPC＝∠PBD＋∠BDP
　　　　　　　　＝60°＋∠ABP＋∠BDP
　　　　(1)より　∠ABP＝∠ADP だから
　　　　∠BPC＝60°＋∠ADP＋∠BDP

　　　＝60°＋60°＝120°

【p.106〜107】step22

1　(1)　2つの三角形は直角三角形
　　　　△ABC と △DCB において
　　　　BC（斜辺）共通
　　　　AB＝DC
　　　　斜辺と他の1辺がそれぞれ等しく
　　　　△ABC≡△DCB
　　(2)　(1)より　∠PBC＝∠PCB
　　　　△PBCは二等辺三角形．CP＝5cm

2　(1)　△ADB と △CEA において
　　　　2つの三角形は直角三角形．
　　　　AB＝CA（斜辺）
　　　　∠EAC＋∠CAB＋∠BAD＝180°
　　　　∠EAC＋∠BAD＝90°
　　　　よって　∠ECA＝∠DAB
　　　　斜辺と1つの鋭角がそれぞれ等しく
　　　　△ADB≡△CEA
　　(2)　BD＝AE，CE＝AD
　　　　BD＋CE＝AE＋AD＝DE

【p.110〜111】　step23

1　対角線BDを引く．
　　△ABD と △CDB
　において
　　BDは共通
　　AD∥BC より　∠ADB＝∠CBD
　　AB∥DC より　∠ABD＝∠CDB
　　1辺とその両端の角がそれぞれ等しく
　　△ABD≡△CDB　　よって　∠A＝∠C
　　対角線ACを引く．
　　△ABCと△CDA
　において
　　ACは共通
　　AD∥BC より　∠BCA＝∠DAC
　　AB∥DC より　∠BAC＝∠DCA
　　1辺とその両端の角がそれぞれ等しく
　　△ABC≡△CDA　　よって　∠B＝∠D

2　∠x＝70°，∠y＝180°－70°＝110°

3　AC と BD の交点を O とする．
　　△OAB と △OCD において
　　AB＝CD
　　∠OAB＝∠OCD
　　∠OBA＝∠ODC

12

1辺とその両端の角がそれぞれ等しく
△OAB≡△OCD
よって　OA＝OC，OB＝OD

4 ∠a＝105°，∠b＝180°－105°＝75°
y＝3 cm，x＝4 cm

【p.114～115】　step24

1 AD∥BC より
∠DAF＝∠AFB（錯角）
∠DHC＝∠HCB（錯角）
AH＝FC
四角形 AFCH は，平行四辺形.
AB∥DC より
∠AED＝∠EDG
∠EBG＝∠BGC
EB＝DG
四角形 EBGD は，平行四辺形.
よって，PQ∥SR，PS∥QR より
四角形 PQRS は，平行四辺形.

2 AC，BDの交点をOとする.
OA＝OC，OB＝OD
AP＝BQ＝CR＝DS　より
OA－AP＝OC－CR
OB－BQ＝OD－DS
対角線がそれぞれ中点で交わるので，四角形 PQRS は，平行四辺形.

【p.118～119】　step25

1 △ABC，△DBC
△ABD，△ADC

2 点 P を通り辺 AB，
DC に平行な直線を
引き，AD，BC と交
点を Q，R とする.

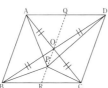

△PAB＝$\frac{1}{2}$×□ABRQ

△PDC＝$\frac{1}{2}$×□QRCD

△PAB＋△PDC＝$\frac{1}{2}$×□ABCD

3 (1) △ABM の面積は △ABC の $\frac{1}{2}$
△QBP＝△ABM となるためには
△QMP＝△QMA となればよい.

(2) △QMP＝△QMA となるためには

QM∥AP

(3) AとPを結ぶ．APと平行で点 M を
通る直線が AB と交わる点を Q とす
る．QとPを結ぶ．

【p.120～123】　第5章　期末対策

1 (1) AB＝AC より　∠ABD＝35°
∠EAC＝35°＋35°＝70°

(2) 180°－(35°＋35°)＝110°

2 △BCD と △CBE において
2つの三角形は直角三角形.
BC（斜辺）共通
二等辺三角形より　∠BCD＝∠CBE
斜辺と1つの鋭角がそれぞれ等しく
△BCD≡△CBE
∠DBC＝∠ECB より　△PBC は二等辺
三角形．よって　PB＝PC

3 (1) AD∥BE より　AD∥CE
AD＝CE より1組の向かい合う辺
が平行で等しいので，平行四辺形.

(2) AC＝DB より　∠DBC＝∠ACB
□ACED は平行四辺形より
∠ACB＝∠DEC
よって　∠DBC＝∠DEC
△DBE が二等辺三角形.

(3) △ABC と △DCB において
AC＝DB
BCは共通
∠ACB＝∠DBC
2辺とその間の角がそれぞれ等しい
ので
△ABC≡△DCB
対応する辺が等しいので
AB＝DC となる.

4 (1) AE，CF は対角線 BD に引いた垂
線なので平行.
△ABD と △CDB の面積は しく
BD を底辺と見ると高さは等しくなる
ので　AE＝CF
1組の対辺が平行で長さ しい四
角形 AECF は平行四辺形.

(2) 四角形 AECF に対角線を引き，
EF との交点を O とする.
△OAE と △OCF において
OA と OC は平行四 ＡＢＣＤの

対角線でもあり　OA＝OC

∠AOE＝∠COF（対頂角）

直角三角形の斜辺と1つの鋭角がそれぞれ等しいので　△OAE≡△OCF

よって　OE＝OF

対角線がそれぞれ中点で交わる四角形AECFは，平行四辺形．

⑤ (1)　△ACFと△DCBにおいて

AC＝DC

CF＝CB

∠ACF＝∠DCB＝90°

2辺とその間の角がそれぞれ等しく

△ACF≡△DCB

よって　AF＝BD

(2)　∠HDF＝∠CAF

∠DFH＝∠AFC（対頂角）

∠DHF＝∠ACF＝∠AHB＝90°

第6章　確　率

【p. 126〜127】step26

①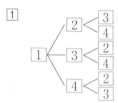

(1)　一番左に1を選ぶ場合は6通りある．一番左が2，3，4の場合も同様で6通り．

$6×4＝24$　　**24 通り**

2)　一の位が4となるのは6通り．

よって，確率は　$\dfrac{6}{24}＝\dfrac{1}{4}$

②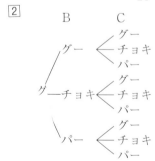

(1)　Aがグーを出したとき，Bはグー，チョキ，パーのいずれでもよく，Cも同じで，9通りある．

Aがチョキ，パーの場合も同様に

$9×3＝27$　　**27通り**．

(2)　あいこになるのは9通り．

よって，確率は　$\dfrac{9}{27}＝\dfrac{1}{3}$

③ (1)　(A，B) (A，C) (A，D)

(B，C) (B，D)

(C，D) の6通り．

(2)　Dが選ばれるのは3通り．

よって，確率は　$\dfrac{3}{6}＝\dfrac{1}{2}$

④ (1)　(A，B，C) (A，B，D) (A，B，E)

(A，C，D) (A，C，E)

(A，D，E)

(B，C，D) (B，C，E)

(B，D，E)

(C，D，E) の10通り．

(2)　C，Dが含まれるのは3通り．

よって，確率は　$\dfrac{3}{10}$

【p. 130〜131】step27

① (1)　当たりを@a，@b，はずれを@c，@d，@eとする．Aの当たる確率は$\dfrac{2}{5}$

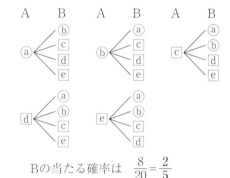

Bの当たる確率は　$\dfrac{8}{20}＝\dfrac{2}{5}$

(2)　同じ

②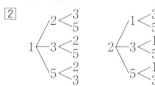

$$3 \begin{cases} 1 < \begin{matrix} 2 \\ 5 \end{matrix} \\ 2 < \begin{matrix} 1 \\ 5 \end{matrix} \\ 5 < \begin{matrix} 1 \\ 2 \end{matrix} \end{cases} \qquad 5 \begin{cases} 1 < \begin{matrix} 2 \\ 3 \end{matrix} \\ 2 < \begin{matrix} 1 \\ 3 \end{matrix} \\ 3 < \begin{matrix} 1 \\ 2 \end{matrix} \end{cases}$$

偶数となる確率は $\dfrac{6}{24} = \dfrac{1}{4}$

【p. 134～135】step28

1 (1)

	1	2	3	4	5	6
1	2	3	4	5	6	7
2	3	4	5	6	7	8
3	4	5	6	7	8	9
4	5	6	7	8	9	10
5	6	7	8	9	10	11
6	7	8	9	10	11	12

目の和が4になる確率は $\dfrac{3}{36} = \dfrac{1}{12}$

(2) 出る目の和が4以下となる場合の数は6通り, 5以上となる場合の数は
$$36 - 6 = 30$$
よって $\dfrac{30}{36} = \dfrac{5}{6}$

2 (1) (1, 1) (2, 2) (3, 3) (4, 4) (5, 5) (6, 6) の6通り.

求める確率は $\dfrac{6}{36} = \dfrac{1}{6}$

(2) ちがった目の出る場合の数は
$$36 - 6 = 30$$
よって, その確率は $\dfrac{30}{36} = \dfrac{5}{6}$

【p. 136～139】第6章　期末対策

1

$$1 \begin{cases} 0 < \begin{matrix} 2 \\ 3 \end{matrix} \\ 2 < \begin{matrix} 0 \\ 3 \end{matrix} \\ 3 < \begin{matrix} 0 \\ 2 \end{matrix} \end{cases} \qquad 2 \begin{cases} 0 < \begin{matrix} 1 \\ 3 \end{matrix} \\ 1 < \begin{matrix} 0 \\ 3 \end{matrix} \\ 3 < \begin{matrix} 0 \\ 1 \end{matrix} \end{cases}$$

$$3 \begin{cases} 0 < \begin{matrix} 1 \\ 2 \end{matrix} \\ 1 < \begin{matrix} 0 \\ 2 \end{matrix} \\ 2 < \begin{matrix} 0 \\ 1 \end{matrix} \end{cases} \qquad 18 \text{通り.}$$

2 (1) 男子をA, B, 女子をc, dとする.
$$A < \begin{matrix} c - B - d \\ d - B - c \end{matrix} \qquad B < \begin{matrix} c - A - d \\ d - A - c \end{matrix}$$

$$c < \begin{matrix} A - d - B \\ B - d - A \end{matrix} \qquad d < \begin{matrix} A - c - B \\ B - c - A \end{matrix}$$

8通り.

(2) $A < \begin{matrix} cd - B \\ dc - B \end{matrix} \qquad B < \begin{matrix} cd - A \\ dc - A \end{matrix}$

$cd < \begin{matrix} A - B \\ B - A \end{matrix} \qquad dc < \begin{matrix} A - B \\ B - A \end{matrix}$

$\begin{matrix} A - B \\ B - A \end{matrix} > cd \qquad \begin{matrix} A - B \\ B - A \end{matrix} > dc$

12通り.

3 (1) $\dfrac{3}{4}$

(2) 赤玉①, ②, ③, 白玉を④とすると, A, Bのとり出し方は

$$① < \begin{matrix} ② \\ ③ \\ ④ \end{matrix} \quad ② < \begin{matrix} ① \\ ③ \\ ④ \end{matrix} \quad ③ < \begin{matrix} ① \\ ② \\ ④ \end{matrix} \quad ④ < \begin{matrix} ① \\ ② \\ ③ \end{matrix}$$

の12通りで, Bが赤色出すのは9通り.
$$\dfrac{9}{12} = \dfrac{3}{4}$$

(3)

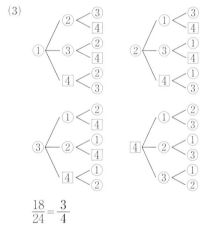

$$\dfrac{18}{24} = \dfrac{3}{4}$$

4 1回目と2回目の目の出方は, それぞれの表のように36通りあり, どの出し方も同様に確からしい.

(1) 出る目の差が2になるのは, 表で○をつけた8通りあるので, 求める確率は $\dfrac{8}{36} = \dfrac{2}{9}$

1回目 2回目	1	2	3	4	5	6
1	0	1	②	3	4	5
2	1	0	1	②	3	4
3	②	1	0	1	②	3
4	3	②	1	0	1	②
5	4	3	②	1	0	1
6	5	4	3	②	1	0

(2) 少なくとも1
回は5以上の目
が出るのは、表
で○をつけた20
通りあるので，
求める確率は
$\dfrac{20}{36}=\dfrac{5}{9}$

2回目＼1回目	1	2	3	4	5	6
1					○	○
2					○	○
3					○	○
4					○	○
5	○	○	○	○	○	○
6	○	○	○	○	○	○

(3) 1回目に出る
目が2回目に出る
目の倍数になる
のは表で○をつ
けた14通りある
ので，求める確
率は $\dfrac{14}{36}=\dfrac{7}{18}$

2回目＼1回目	1	2	3	4	5	6
1	○	○	○	○	○	○
2		○		○		○
3			○			○
4				○		
5					○	
6						○

5 3人をA，B，Cとし，グー，チョキ，
パーをそれぞれ⑰，⑲，⑱で表す．
3人のグー，チョキ，パーの出し方は，
下の図のように27通りで，どの場合も同
様に確からしい．

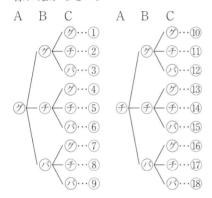

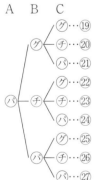

(1) 1人だけが勝つのは，図の③，⑤，
⑦，⑪，⑬，⑱，⑲，㉔，㉖の9通
りあるので，求める確率は $\dfrac{9}{27}=\dfrac{1}{3}$

(2) 2人が勝つのは，図の②，④，⑨，

⑩，⑮，⑰，㉑，㉓，㉕の9通りあ
るので，求める確率は $\dfrac{9}{27}=\dfrac{1}{3}$

(3) あいこになるのは，図の①，⑥，
⑧，⑫，⑭，⑯，⑳，㉒，㉗の9通
りあるので，求める確率は $\dfrac{9}{27}=\dfrac{1}{3}$

【p. 142〜143】 step29

1 23 24 | 25 26 (26) 29 30 | 34 39

最小値　23

最大値　39

第1四分位数　$\dfrac{24+25}{2}=24.5$

第2四分位数　26

第3四分位数　$\dfrac{30+34}{2}=32$

四分位範囲　$32-24.5=7.5$

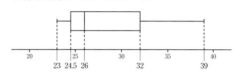

2 2，3，3，(3)，4，5，6，(7)，8，
9，10，(11)，12，14，15

最小値　2

最大値　15

第1四分位数　3

第2四分位数　7

第3四分位数　11

四分位範囲　$11-3=8$

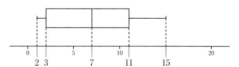

16